미래 세대를 위한

건축과 기후 위기 이야기

미래 세대를 위한 건축과 기후 위기 이야기

제1판 제1쇄 발행일 2024년 9월 17일

글 _ 서윤영
기획 _ 책도둑(박정훈, 박정식, 김민호)
디자인 _ 이안디자인
펴낸이 _ 김은지
펴낸곳 _ 철수와영희
등록번호 _ 제319-2005-42호
주소 _ 서울시 마포구 월드컵로 65, 302호(망원동, 양경회관)
전화 _ 02) 332-0815
팩스 _ 02) 6003-1958
전자우편 _ chulsu815@hanmail.net

ISBN 979-11-7153-017-5 43540

철수와영희 출판사는 '어린이' 철수와 영희, '어른' 철수와 영희에게 도움 되는 책을 펴내기 위해 노력합니다.

미래 세대를 위한

건축과 기후 위기 이야기

건축으로 지구를 지키고 싶어요

글 | 서윤영

철수와영희

건축과 도시로 살펴보는 기후 위기

제가 일본으로 처음 해외여행을 갔을 때의 이야기입니다. 더운 여름 날 점심을 먹기 위해 2층 식당에 들렀습니다. 창밖으로 어느 건물의 커다란 전광판이 보였는데 숫자 36이 표시되어 있었습니다. 처음엔 그 숫자가 무엇을 의미하는지 알지 못한 채, 메밀국수를 무심히 먹고 있었습니다. 얼마 지나지 않아 옆사람들이 "36도라니, 정말 덥네." 하는 웅성거리는 소리를 듣고서야 그 숫자의 의미를 알았습니다. 그날의 현재 기온을 표시한 것이었습니다. 36도라니, 서울보다 무더운 도쿄에서나 있을 법한 일이라고 생각했습니다. 1994년 7월의 일입니다.

그런데 1994년의 여름은 한국도 상황이 다르지 않았습니다. 그때 서울은 38도, 대구는 39도까지 치솟았다는 기록이 있습니다. 뿐만 아니라 그즈음부터 9월에 폭우가 발생하여 물난리가 나는 일도 잦아졌습니다. 본래 장마는 여름에 발생하는 것으로 알고 있었는데 9월 장마라니 몹시 생소했습니다.

하지만 30년이 흐른 지금, 낯설고 이상했던 일들은 어느새 일상이 되었습니다. 이제 한여름 33, 34도의 기온은 예삿일이고 초가을 폭우도 자주 발생합니다. 확실히 예전보다 여름은 더 빨리 찾아오고 훨씬 더 오래 머물다 가는 느낌입니다.

지구 온난화에 대해 사람들은 대수롭지 않게 생각할지도 모릅니다. 그저 지구가 좀 더 따듯해지는 것이니 여름만 견디기 힘들 뿐, 겨울에는 춥지 않으니 오히려 더 좋은 것이 아니냐고 막연히 생각할지도 모릅니다. 하지만 지구 온난화로 인해 폭염뿐 아니라 더 잦은 폭우와 겨울철 한파까지, 예상치 못한 전 지구적 재앙이 일어날 수도 있습니다.

지구의 기온이 높아지면 북극과 남극의 얼음이 녹아 해수면이 상승합니다. 그렇게 되면 해안가와 저지대 마을이 침수될 수 있습니다. 강원도와 경상도 등 동쪽이 높고 경기도와 전라도 등 서쪽이 낮은 지형을 가진 우리나라도 서해안 지역이 물에 잠길 수 있습니다. 또한 기후변화로 농사가 어렵게 되면 식량 생산에 차질이 생겨 굶주리는 사람이 늘어날 수도 있고, 이러한 지구적 재앙은 뜻하지 않은 전쟁을 불러일으킬 수도 있습니다. 전쟁은 토지나 식량처럼 한정된 자원을 빼앗으려는 욕심에서 시작되니까요.

이 책은 지구 온난화에 대해 먼저 생각해 봅니다. 지구 온난화란 무엇이며 그것이 왜 발생하는지, 또 우리의 생활에 끼치는 영향은 무엇인지에 대해 알아보고자 합니다. 그리고 이를 막기 위해 우리는 어떤 노력을 기울여야 하는지, 특히 건축과 도시와 관련해서는 어떤 대책이 있을까를 생각해 보고자 합니다. 이 책이 건축과 지구 온난화에 관심이 많은 청소년들에게 도움이 되기를 바랍니다.

서윤영 드림

차례

미래 세대를 위한

건축과 기후 위기 이야기

01

지구 온난화와 건축이 무슨 상관일까?

_ 탄소와 건축

1. 지구 온난화와 건축이 무슨 상관일까?
_탄소와 건축

지금으로부터 2억 5천만 년 전, 지구상에 아직 인간이 살지 않았던 고생대 페름기 때의 일입니다. 지구 생명체의 90퍼센트가 멸종하는 일이 벌어졌습니다. '페름기의 대멸종'이라 불리는 이 일은 지구의 모든 역사를 통틀어 가장 큰 사건이었습니다. 왜 이런 대멸종이 일어났던 걸까요?

지구 온난화의 시작

페름기 말 지구의 연평균 온도는 이전에 비해 9~10도 정도 치솟았습니다. 시베리아 화산들이 활동을 시작했는데, 이것이 수천 년 동안이나 지속되었습니다. 그 탓에 땅속에 묻혀 있던 석탄과 천연가스에 불이 붙었고 지구는 온통 불지옥이 되었습니다. 막대한 양의 이산화탄소가 발생하였고 지구 온도가 치솟았습니다. 그러자 몇몇 식물은 더 이상 자랄 수 없게 되고 그와 함께 생태계의 먹이사슬이 무너져 대멸종이 일어난 것으로 추정됩니다.

지구 온도가 9~10도 오른 것을 누군가는 대수롭지 않게 생각할지도 모릅니다. 하지만 이때의 온도는 연평균 기온입니다. 봄에 24도이던 것이 여름이면 32도, 33도가 되는 일과는 다른 차원입니다. 예를 들면 빙하기와 간빙기 간의 온도 차이는 5~6도입니다. 비교적 온화한 간빙기와 모든 것이 다 얼어붙어 있을 것 같은 빙하기의 기온 차가 고작 5~6도였습니다. 그런데 9~10도의 상승이라니, 그야말로 불지옥이었을 것입니다.

1850년과 비교해 현재 지구의 연평균 기온이 1.2도 정도 상승했다는 것이 여러 해 동안의 관측 결과로 밝혀졌습니다. 더구나 이것은 육지와 바다를 모두 포함한 평균 온도입니다. 물의 비열이 더 크고 지구 표면의 71퍼센트가 바다인 것을 감안하면 1850년대와 비교해 해수면의 온도는 0.9도, 육지의 온도는 1.9도 상승한 셈입니다. 예전과 비교해 무척 더워진 것입니다.

지구의 평균 기온이 높아진 이유는 이산화탄소를 포함한 온실가스의 양이 많아졌기 때문입니다. 지구는 태양으로부터 에너지를 받아 지표면이 더워지고 이렇게 더워진 지표면에서 복사열이 방출되어 대기 중의 공기도 덥힙니다. 덕분에 지구는 동식물이 살기에 적당한 온도를 유지합니다. 그런데 이때 무한정 태양 에너지를 받기만 하면 너무 뜨거워지겠지요? 균형을 맞추려면 태양 복사열의 일부가 대기권에서 우주로 다시 반사되어야 합니다. 그런데 대기 중에 이산화탄소의 양이 너무 많으면 복사열의 반사를 방해하게 됩니다. 뜨거운 열이 빠져나가지 못해 기온이 높아지는 것입니다.

이 사실을 처음으로 예측한 사람은 스웨덴의 화학자인 스반테 아레니우스였습니다. 1896년 그는 대기 중에 이산화탄소의 양이 많아지면 지구의 온도가 올라갈 것이라고 주장했고, 1950년대부터 몇몇 과학자들은 지구 온난화 문제를 제기하기 시작했습니다. 1975년 미국의 지구화학자 윌리스 브로커가 과학 잡지 《사이언스》에 지구 온난화가 시작되었다고 밝힌 이래, 지구 온난화 문제가 화제의 중심으로 떠오르기 시작했습니다.

그렇다면 지구의 평균 온도를 높이는 온실가스에는 어떤 것이 있을까요? 이산화탄소, 메탄, 아산화질소, 수소불화탄소, 과불화탄소, 육불화황 등 모두 6가지가 있습니다. 이 중 많은 양을 차지하는 것이 이산화탄소, 메탄, 아산화질소인데 그중에서도 큰 영향을 끼치는 것이 이산화탄소입니다. 이산화탄소는 우리가 호흡할 때마다 내뱉기도 하지만 주로 석탄, 석유 등 화석 연료를 태울 때 배출

스웨덴의 화학자 스반테 아레니우스

합니다. 메탄과 아산화질소 등은 소, 돼지 등의 가축을 사육할 때나 농업 폐기물에서 많이 발생합니다. 우리가 호흡을 하지 않을 수 없고 사육과 농업도 그만둘 수 없습니다. 일정량의 온실가스가 발생할 수밖에 없지요. 그렇게 배출된 온실가스 중 이산화탄소는 식물의 광합성을 통해 다시 산소로 만들어져 대기 중으로 환원되었습니다.

하지만 19세기 산업혁명 후 대기 중 이산화탄소의 양이 급증했습니다. 인간이나 가축을 이용하는 대신 기계의 힘을 이용하는 것이 산업혁명의 특징입니다. 특히 끓는 물의 수증기를 이용하는 증기기관이 산업혁명의 주된 동력이 되면서 석탄 사용이 늘었습니다. 석탄의 주성분은 탄소로 연소하면서 산소와 결합해 이산화탄소를 배출합니다.

1850년대를 기점으로 대기 중에 이산화탄소의 양이 갑자기 많아졌습니다. 뿐만 아니라 20세기가 되면서 자동차가 대중화되어 석유의 사용량도 늘었습니다. 석유 역시 화석 연료라서 연소하면 이산화탄소가 발생합니다. 대기 중 이산화탄소 양은 1850년 무렵에는 280피피엠(ppm)이었다가 1950년에는 310~315피피엠, 2021년에는 420피피엠까지 증가했습니다. 이런 추세라면 2050년경에는 550피피엠에 이를 것으로 예상되고 이에 따라 지구의 평균 온도도 크게 상승할 것입니다.

태풍이 자주 발생하는 이유

지구 온난화가 시작되면 우선 문제가 되는 것은 여름 기온이 이전보다 훨씬 오른다는 것입니다. 1970~1980년대와 비교해 요즘의 여름 날씨는 매우 덥습니다. 폭염의 발생 빈도도 증가해서 2003년 6~8월 유럽은 곳곳에서 기온이 40도까지 치솟았습니다. 중동이나 아프리카가 아닌 유럽으로서는 경험해 보지 못한 고온이었고 이로 인해 프랑스, 이탈리아, 네덜란드, 포르투갈, 스페인 등에서 2만 명 이상이 폭염으로 사망했습니다.

기온이 올라가면 산불의 발생 빈도도 증가합니다. 우리나라는 여름철의 기후가 고온다습하여 여름에 산불이 발생하는 일은 거의 없습니다. 하지만 남유럽, 중앙아메리카, 남아프리카, 호주 등에서는 여름철에 기온이 높고 건조하기 때문에 산불이 자주 일어납니다.

지구 온난화는 바닷물이 따듯해지는 해양 온난화를 동반하여 폭우와 태풍의 발생 빈도도 높입니다. 태풍은 열대성 저기압을 말합니다. 바다가 따듯해지면 바닷물이 증발하여 대기 중에 수분이 많아지고 그것들이 응집하여 열을 발생시키면서 상승 기류를 만드는데 그 과정에서 강한 바람과 회오리 등을 일으키는 것이 태풍입니다.

2013년 필리핀에서 발생한 태풍 하이옌은 매우 강력해서 6000여 명의 사상자와 20억 달러 규모의 피해를 냈습니다. 미국 동부 해안가를 덮친 2005년의 허리케인 카트리나, 2012년의 허리케인 샌디도 큰 피해를 입혔습니다.

한편 더운 것 못지않게 추운 것도 문제입니다. 지구 온난화는 제트 기류에 영향을 주어 겨울철의 한파 발생 빈도도 증가시킵니다. 제트 기류는 북위 30~35도 상공에서 부는 강한 서풍으로, 일종의 '바람띠'를 형성하여 북극의 찬바람이 남쪽으로 내려오지 못하도록 막는 방패 역할을 합니다. 제트 기류가 제대로 작동하려면 북극과 그 아래 지역의 기온 차가 커야 합니다. 그런데 온난화로 인해 기온 차가 줄면 제트 기류가 제 역할을 하지 못합니다. 북극의 찬 공기가 그대로 내려오는 북극 한파로 인해 겨울이 더 추워지지요. 이처럼 지구 온난화가 심해지면 여름은 더 더워지고 겨울은 더 추워지고 강력한 태풍은 더 자주 발생합니다.

한편 지구 온난화로 인해 남극과 북극의 빙하가 녹아 해수면이 상승하게 됩니다. 1850년 이후 현재 해수면은 평균 20센티미터가 상승했습니다. 해안가 마을, 저지대 마을에서는 낮은 땅부터 물

지구 온난화로 빙하가 녹으면서 저지대 국가들은 침수 피해를 입는다.

에 잠길 수 있습니다. 현재의 추세라면 2100년경에는 해수면이 0.5~1미터 정도 상승할 것이고 바닷가에 인접한 도시들은 큰 피해를 입을 것입니다.

인류는 주로 해안가나 강가에 많이 살고 있습니다. 원시 시대부터 인류는 마실 물을 얻고 고기잡이를 하기 위해 강가나 바닷가에 살았습니다. 지금도 세계의 대도시들은 대개 항구 도시가 많고, 내륙이라 해도 큰 강을 끼고 도시가 발달했습니다. 폭우로 인해 강물이 범람하면 침수 피해가 발생하고, 빙하가 녹아 해수면이 상승하면 바닷가 도시들은 큰 피해를 입습니다.

해안가에는 의외로 중요한 시설이 많은데, 비행기의 이착륙을 담당하는 공항이 대표적입니다. 공항을 만들기 위해서는 대도시와 가까우면서도 활주로를 만들 수 있는 넓고 평탄한 땅이 필요합니다. 그런데 대도시 주변에 이러한 땅을 마련하기가 쉽지 않습니다. 이러한 문제를 해결하기 위해 간척지를 이용하거나 바다 위에 인공 섬을 조성해 공항을 만드는 것이 세계적 추세입니다. 인천 국제공항은 간척지에 조성되었고, 일본 오사카 근처에 있는 간사이 국제공항도 인공 섬에 지어졌습니다. 이런 공항들은 해수면이 상승하면 물에 잠겨 더 이상 제 기능을 못할 수도 있습니다.

해안가에 위치한 또 하나의 대표적 시설로 원자력 발전소가 있습니다. 원자로가 가동되는 동안 엄청난 열이 발생하는데 이를 적절하게 식혀 주지 않으면 큰 문제가 발생할 수 있습니다. 그래서 원자력 발전소들도 충분한 냉각수를 얻을 수 있는 해안가에 위치하고 있습니다. 우리나라에는 부산의 고리, 경주의 월성 등 주로 경북 동해안가에 있고 일본, 중국도 마찬가지입니다.

원자로 가동에는 냉각수가 필수적이지만 해수면이 상승하여 원자로가 물에 잠기면 엄청난 문제가 발생합니다. 방사성 물질이 바다로 유출되는 사고가 생길 수 있지요. 2011년 3월 11일 동일본 대지진으로 인해 쓰나미가 발생했을 때 연안에 면해 있던 후쿠시마 원자력 발전소의 원자로가 침수되어 방사성 물질이 바다로 유출되었습니다. 이처럼 해수면 상승은 국제공항, 원자력 발전소 등 국가 주요 시설에도 큰 영향을 끼치는데, 그 피해는 회복할 수 없는 치명적인 결과를 초래할 가능성이 큽니다.

지구 온난화는 전 세계적인 재앙이지만 그 피해가 결코 균질하지 않다는 데 문제가 있습니다. 날씨가 더워지면 본래 더운 나라인 열대, 아열대 지역이 더 큰 피해를 입습니다. 말레이시아, 인도네시아 등 동남아시아 나라들은 수많은 섬으로 이루어져 있는데 해수면이 상승하면 그만큼 침수 위험도 커지겠지요. 또한 감염병을 일으키는 모기와 각종 해충이 더 많아져 질병 피해도 커집니다. 아프리카 대륙은 북부의 이집트, 남부의 남아프리카공화국 등 일부 국가를 제외하면 아직도 농사가 주요 산업인 나라가 많습니다. 농사는 어떤 산업보다 기후에 민감합니다. 아프리카의 날씨가 더 더워지면 농작물이 제대로 자라지 못하고 열매를 맺지 못하는 일이 발생합니다. 이렇게 농사를 망치면 그렇지 않아도 가난한 나라에 굶주리는 사람이 더 많아집니다.

이처럼 지구 온난화로 가장 큰 피해를 입는 곳은 열대와 아열대의 나라들인데, 이들은 주로 빈국과 개발도상국입니다. 반면 서유럽과 미국 등 주로 위도가 높은 지역에 위치한 나라들은 상대적으로 피해가 조금 덜한데, 사실 지구 온난화의 책임은 바로 이런 나라들에 있습니다.

산업혁명의 주축국인 영국, 프랑스, 독일 등 서유럽 국가들은 물론이고 미국 등 현재 세계에서 가장 부유한 강국들은 산업 부흥기에 엄청난 양의 석탄을 사용했습니다. 또 자동차, 비행기 등이 확산되는 과정에서 석유 사용이 폭발적으로 증가했습니다. 현재 항공기 부문에서 가장 많은 비행기가 오고 가는 곳도 유럽과 북미를 잇는 대서양 노선들입니다. 그런데 유럽과 미국은 위도상으로 높은 지역에 있어서 지구 온난화의 피해를 덜 입습니다. 심지어 북유럽 국가들은 지구 온난화가 진행되면 겨울이 조금 따듯해져 난방비가 덜 드는 등 오히려 나아지는 점도 있습니다.

탄소 배출을 줄이는 건축

지구적 재난과 그에 따른 문제를 더 이상 두고 볼 수만은 없어서 세계 각국은 서로 모여 회의를 하고 대책을 세웠습니다. 1988년 유엔은 '기후변화에 관한 정부간 협의체(IPCC)'를 창립합니다. 그리고 1992년 브라질 리우 데 자이네루에 모여서 〈유엔 기후변화 협약〉에 서명을 하는데, 주요 내용은 '2000년까지 온실가스 배출량을 1990년대 수준으로 되돌리자'는 거였습니다. 1997년에는 일본 교토에 모여 '선진국들에게 온실가스 배출량의 감축 의무를 부과하자'는 내용을 담은 의정서(《기후 변화에 관한 국제 연합 규약의 교토 의정서》)를 채택했습니다. 2015년에는 총 195개국이 〈파리 협정〉에 서명을 하는데, 주요 내용은 '산업화 이전 수준과 비교해 지구 온도 상승을 2도 이하로, 최소한 1.5도 이하로 억제하자'는 것이었습니다.

지구의 온도 상승을 억제하려면 이산화탄소의 배출을 최대한 줄이고 이미 배출된 대기 중의 이산화탄소량도 줄여야 합니다. 대기 중 이산화탄소를 줄이는 가장 좋은 방법은 나무를 많이 심는 것입니다. 나무는 광합성을 통해 이산화탄소를 흡수하고 산소를 배출하니까요. 우리나라는 국토의 70퍼센트가 산악이고 산림도 잘 조성되어 있지만 도심에는 녹지가 부족한 편입니다. 그래서 도심에 공원을 조성하고 나무를 많이 심는 것이 중요합니다.

계속되는 지구 온난화를 방지하기 위해 기후 위기 대응을 촉구하는 시위가 전 세계적으로 벌어지고 있다.

무엇보다 석유, 석탄 등 화석 연료의 사용을 줄이는 것이 가장 중요합니다. 그러기 위해 당장 나부터 불필요한 전등 끄기, 겨울철 난방 온도 낮추기, 여름철 에어컨 사용 줄이기, 자동차 대신 가까운 거리는 걷거나 자전거 이용하기 등의 에너지 절약을 실천해야 합니다.

그 외에 건축과 관련해서 이산화탄소 배출을 줄이는 방법은 무엇이 있을까요? 우선 여름과 겨울철에 냉난방 에너지를 덜 쓰기 위해 여름에 시원하고 겨울에 따듯한 집을 지어야 하겠지요. 또 한번 지어진 건축물은 되도록 오래 사용하고, 사용 용도가 끝난 건축물이라도 헐어 내는 대신 재활용하는 방안도 생각해 볼 수 있습니다. 우리가 종이컵이나 비닐봉지 등 일회용품의 사용을 줄이고 여러 번 사용할 수 있는 다회용 컵, 장바구니를 사용하는 것처럼, 한번 지어진 건축물도 되도록 오래 사용하는 것이 중요합니다. 아울러 자동차를 되도록 덜 탈 수 있는 도시를 계획해야 합니다. 석탄, 석유의 사용을 줄이기 위해 새로운 친환경 대체 에너지를 사용하는 것도 중요합니다.

02.

침몰하는 도시, 사라지는 나라
_ 나라의 소멸과 기후 난민

2. 침몰하는 도시, 사라지는 나라
_나라의 소멸과 기후 난민

세계지도를 펼쳐 놓고 살펴보면 대도시들은 주로 해안가에 있는 반면, 내륙에는 건조한 사막지대가 많습니다. 아시아 대륙에는 몽골의 고비사막이 있고, 미국에도 애리조나 사막과 네바다 사막이 있습니다. 호주도 내륙은 건조한 초원지대이고 대도시들은 주로 해안가에 몰려 있습니다. 이처럼 인류는 내륙보다 해안가에 사는 경우가 많은데, 지구 온난화로 인해 해수면이 상승하면 제일 먼저 해안가 도시의 침수가 시작될 것입니다.

해안가에 사는 인류

세계적으로 인구 1000만 명이 넘는 거대 도시를 메가시티라고 합니다. 인구가 거의 1000만 명에 육박하는 서울도 메가시티라고 할 수 있습니다. 이런 대도시 주변에는 위성도시와 신도시 들이 해바라기처럼 대도시를 둘러싸고 거대 도시 권역을 형성합니다. 대도시가 서울처럼 한 나라의 수도일 때는 그 일대를 수도권이라고 합니다.

메가시티와 그 주변 권역까지 합쳐 인구가 2000~3000만 명에 이르는 거대 도시권이 세계적으로 20여 개가 존재합니다. 이 중 3분의 2 정도가 바닷가에 닿아 있는 항구 도시입니다. 미국에는 뉴욕을 비롯하여 워싱턴, 보스턴, 로스앤젤레스, 샌프란시스코 등이 동부와 서부 해안가에 있습니다. 일본의 도쿄와 오사카는 모두 바다에 면한 항구 도시이며, 한국은 부산과 인천이 항구 도시입니다. 중국도 홍콩, 상하이, 광저우가 항구 도시입니다. 따라서 지구 온난화로 인한 해안 도시의 침수 문제는 어느 특정 지역의 문제가 아니라 전 세계적인 문제라고 할 수 있습니다.

그렇다면 왜 이렇게 세계의 대도시들 중에는 항구 도시가 많을까요? 본래 유럽의 도시들은 중세의 자유도시가 천천히 성장한 것이어서 메가시티급의 거대 도시는 드뭅니다. 오히려 아시아, 북미 대륙 등에 메가시티가 많은데 여기에는 제국주의 침략이라는 공통점이 있습니다. 제국주의는 식민지 국가의 해안가 항구 도시를 인위적으로 급성장시키기 때문입니다.

15세기 후반 콜럼버스에 의해 아메리카 대륙이 발견되면서 많은 유럽인들이 식민지를 개척하기 위해 남미와 북미 대륙으로 이

뉴욕. 뉴욕은 본래 네덜란드 이민자들이 세운 항구 도시로 바닷가에 면해 있다.

주를 시작합니다. 16~17세기에는 주로 스페인과 포르투갈에서 남미의 금광 개발을 목적으로 이주하더니, 18세기부터는 영국, 프랑스, 네덜란드 등에서 북미 대륙으로 이주를 떠났습니다. 이들은 주로 배를 타고 대서양을 건너갔기 때문에 대서양에 인접한 미국 동부 도시들이 크게 성장했습니다. 대표적인 곳이 뉴욕으로, 네덜란드 이민자들이 대서양을 통해 건너오던 항구 도시였습니다. 주변으로 워싱턴, 보스턴 등의 대도시가 점차 동부 해안가에 자리 잡았습니다. 한편 19세기 말부터는 중국과 일본 등 아시아에서 많은 사람들이 배를 타고 태평양을 건너 들어오면서 로스앤젤레스, 샌프란시스코 등 서부 해안가 도시들이 크게 발달했습니다.

호주 대륙도 이와 비슷합니다. 본래 호주에는 아보리진이라는 선주민이 살고 있었습니다. 그러다가 유럽 특히 영국에서 이주민들이 배를 타고 들어오면서 해안가의 항구 도시들이 크게 성장했는데, 대표적인 예가 시드니입니다. 이처럼 북미와 남미, 호주 대륙은 선주민이 살고 있다가 16세기부터 유럽에서 이민이 시작된 이후 근대국가로 성장한 공통점이 있습니다. 이 경우 해안가의 항구 도시들이 급성장하게 됩니다.

한편 본래부터 높은 인구 밀도를 바탕으로 문명국가를 이루고 살던 아시아의 국가들은 조금 다른 경로를 밟았습니다. 필리핀, 인도네시아, 말레이시아, 베트남 등 주로 남아시아 국가들은 18~19세기에 영국, 프랑스 등의 침략을 받았습니다. 당시 제국주의는 경제적 목적이 우선이었기 때문에, 원자재와 상품 운송 등 물류를 담당하는 항구 도시가 급성장합니다. 현재 아시아의 대표 도시라 할 수 있는 홍콩, 상하이, 싱가포르, 자카르타 등이 그러한 예입니다.

홍콩은 1830년대까지만 해도 조용하고 한적한 어촌 마을이었

홍콩. 본래 조그만 어촌 마을이었지만 국제적인 무역항이자 금융의 중심지로 떠오르며 갑자기 인구가 증가했다.

다가 아편전쟁의 결과로 영국에 넘어갔습니다. 그리고 1898년 영국이 홍콩을 99년 동안 조차한다는 조약을 맺으면서 영국령이 되었습니다. 조차란 해당 국가 간에 특별한 합의를 맺어 한 나라가 다른 나라 영토의 일부를 빌려 일정 기간 동안 통치한다는 뜻입니다. 이후 홍콩은 국제적인 무역항이자 금융의 중심지로 크게 성장하면서 인구가 급증합니다. 99년간의 조차가 끝나고 1997년 다시 중국으로 반환되었지만 지금도 홍콩은 세계에서 가장 인구 밀도가 높은 항구 도시로 유명합니다.

상하이도 마찬가지입니다. 본래는 조그만 어촌 마을이었지만 1843년 개항 이후 각국의 상인들이 들어옵니다. 특히 태평천국의 난(1851~1864) 이후에는 영국과 미국의 조계, 프랑스 조계, 화계(중국인 거주지)가 생기면서 크게 성장했습니다. 조계는 개항 도시에 허락된 외국인 거주지를 말합니다. 지금도 상하이에는 프랑스풍, 영국풍의 이국적인 거리가 많은데 당시의 영향입니다.

중국의 도시 중 수도인 베이징을 제외하면 홍콩과 상하이가 가장 유명한데 이 둘은 19세기 서구 열강에 의해 급성장한 항구 도시라는 공통점이 있습니다. 우리나라도 사정은 비슷합니다. 서울을 제외하면 인천과 부산이 가장 큰 도시인데, 이 둘은 1896년 개항과 함께 급성장한 항구 도시입니다. 그중에서도 인천은 서울과 가까워 중국을 비롯한 서양의 배들이 드나들었고 부산은 일본과 가까워 일본과의 교류가 활발했습니다.

싱가포르도 마찬가지입니다. 본래는 말레이반도 남단에 자리 잡은 조그만 항구였습니다. 그러다 1826년에 영국 동인도회사가 이곳에 진출하더니 1867년부터 영국의 직접 지배하에 들어갔습니다. 100여 년이 지난 1963년 싱가포르는 영국으로부터 해방된 후 말레이시아 연방에 합류했지만, 1965년 독립해 별도의 도시국가가 되었습니다.

이들 도시들은 인구 밀도가 매우 높은데, 지구 온난화로 인해 뜻하지 않은 문제를 야기합니다. 발달한 도시로 사람이 몰리는 건 당연한 일인데, 조그만 마을이라면 침수가 시작된다고 해도 주민을 전부 다른 곳으로 이주시키는 방법을 쓸 수 있습니다. 하지만 인구가 수백만, 수천만 명이 되는 대도시가 침수된다면 문제는 달라집니다. 주민 전체를 이주시키는 것은 불가능할 뿐 아니라 오랜 시간 닦아 놓은 기반 시설이 모두 무너지게 될 것입니다. 실제로 지금 인도네시아 자카르타가 그러한 문제에 직면해 있습니다.

수도 이전을 준비 중인 인도네시아

자카르타는 인도네시아의 수도입니다. 본래 조그만 항구였는데, 1596년 네덜란드의 교역선이 도착하여 주둔하기 시작했습니다. 네덜란드는 동남아 일대의 해상 무역을 독점하기 위한 거점 도시로 이곳을 선택한 것입니다. 1619년 네덜란드는 이곳의 이름을 바타비야로 바꾸고 수도 암스테르담을 본떠 새로운 식민 도시로 건설했습니다. 네덜란드가 인도네시아를 식민 지배하면서 바타비야는 급성장했습니다.

제2차 세계 대전이 일어난 후 인도네시아는 일본이 점령했고, 1942년 일본에 의해 바타비야는 자카르타로 이름이 바뀌었습니다. 1945년 일본이 패전한 후 인도네시아는 독립을 맞이했고 자카르타는 인도네시아 공화국의 수도가 되었습니다. 그곳에 관청과 학교, 병원 등 근대국가의 수도에 필요한 모든 기반시설이 집중되어 있어서 갑자기 다른 곳에 새로운 수도를 마련하기 어려웠기 때문입니다.

현재 자카르타와 인근 수도권의 인구는 3000만 명 정도인데, 문제는 도시가 자리한 해안가 해수면이 상승하면서 침수가 시작되었다는 것입니다. 자카르타는 매년 7.5~8센티미터 정도 해수면이 상승하고 있어, 세계에서 가장 빠른 속도로 침몰하는 도시 중 하나가 되었습니다. 2007년경에는 홍수로 자카르타의 절반이 침수되어 34만 명이 집을 떠나 대피해야 했습니다. 이에 2008년부터 시 당국에서는 바닷물의 침수로부터 도시를 보호할 방조제를 건설하기 시작했습니다.

방조제의 외벽은 높이가 24미터이고 길이가 40킬로미터에 달하는 대공사로 '위대한 가루다 프로젝트'라 불리고 있습니다. 방조제와 부속된 17개의 인공 섬이 인도 신화에 나오는 상상 속의

자카르타. 본래 어촌 마을이었다가 수도로 급성장한 자카르타는 현재 침수로 인해 수도 이전을 계획하고 있다.

새 가루다의 형태로 설계되어 붙여진 이름입니다. 이 프로젝트는 규모가 큰 만큼 완공되기까지 30년이 걸릴 거라고 합니다. 그런데 공교롭게도 이 계획은 네덜란드 기업과의 합작을 통해 기술 지원을 받고 있습니다.

네덜란드는 땅이 해수면보다 낮은 저지대에 위치하고 있어서, 댐과 방조제를 건설하는 기술이 일찍부터 발달했습니다. 본래 자카르타는 네덜란드 식민지 시절 급성장한 항구 도시인데, 독립 후에 방조제 조성 공사에서 네덜란드 기업의 기술 지원을 받고 있으니 인도네시아 국민으로서는 여러 감정이 들 것 같습니다.

자카르타와 인근의 수도권은 워낙 규모가 크기 때문에 방조제를 쌓는 것도 한계가 있습니다. 그래서 보루네오섬 동쪽에 새로운 행정 도시 누산타라를 건설해 행정 수도를 이곳으로 옮길 계획을 세우고 있습니다. 2024년 8월부터 시작해 2027년까지 매년 공무원을 20퍼센트씩 이주시켜 2028년경에는 나라의 모든 행정 기능을 누산타라에서 담당할 예정이고, 2045년까지 인구 190만 명 정도가 거주하는 새로운 수도로 완성할 계획입니다.

그런데 자카르타의 인구만 따져도 1000만 명이고 인근 수도권까지 포함하면 대략 3000만 명에 이릅니다. 이 많은 사람들을 모두 신도시 누산타라에 이주시킬 수는 없고, 여러 지역에 분산 이주시켜야 합니다. 네덜란드가 인도네시아를 식민 지배하지 않았다면 이런 문제도 없었을 것입니다.

침수 위험에 처한 곳은 자카르타만이 아닙니다. 동남아시아와 남태평양의 섬들도 침수 위험에 대비해 방조제를 쌓는 프로젝트를 계획하고 있습니다. 이처럼 어떤 국가들은 실제적인 위험에 처해 있는 반면, 네덜란드처럼 일찍부터 기술이 발달한 나라들은 좋은 기회를 맞고 있기도 합니다. 지구 온난화 상황에서도 유럽 등의 선진국들은 경제적 이득을 얻고 있는 것이지요.

해안선 상승으로 수도가 사라지는 것도 문제이지만 때로는 나라가 사라지는 곳도 있습니다. 몰디브는 인도양에 자리 잡은 낭만적인 휴양지로 유명합니다. 119개의 작은 섬으로 이루어진 이곳은 국토 면적의 80퍼센트가 해발고도 1미터 이하인 저지대 국가입니다. 대략 2100년 말에는 해수면이 0.5~1미터 상승할 것으로 예상되고 있어 국토의 대부분이 물에 잠길 수 있습니다. 이에 대한 대안으로 물에 뜨는 도시를 계획하고 있는데, 이 기술을 또 네덜란드의 사례에서 배우고 있습니다.

네덜란드의 수도 암스테르담의 동쪽 끝 작은 마을에는 물에 뜨는 집이 100채가량 있고 물에 뜨는 농장도 있습니다. 선착장과 초원을 연결해 만든 이 농장은 40마리가량의 소를 키우면서 우유와 치즈도 생산합니다.

이러한 기술을 바탕으로 몰디브에서는 물에 뜨는 수상 도시 MFC(Moldives Floating City)를 계획하고 있는데, 네덜란드의 부동산 개발 업체인 더치 도클랜드가 함께 작업하고 있습니다. 물에 뜨는 도시는 주택과 식당, 상점, 학교 등을 포함한 5000여 개의 건물들로 구성되고 그 사이를 운하로 연결할 계획입니다. 2027년까지 완공할 예정인데, 만약 이것이 성공한다면 인도양과 남태평양의 섬나라 국가들도 앞다투어 물에 뜨는 도시를 건설할 것입니다. 그렇게 되면 네덜란드는 방조제 건설에 이어 물에 뜨는 도시 건설로 새로운 기술 강국이 되는 셈입니다.

침몰하는 도시를 살리기 위한 대책으로는 방조제 쌓기, 수도 이전, 수상 도시 건설 등의 방안이 있을 수 있습니다. 하지만 때로는 이것이 불가능한 경우도 있습니다.

오세아니아 동북쪽 남태평양에는 9개의 섬으로 이루어진 작은 나라 투발루가 있습니다. 면적 26제곱킬로미터에 인구 1만 명 남짓의 아주 작은 나라입니다. 이 작은 나라는 전 국토가 해발 4.5미터 이하에 자리 잡고 있습니다. 매년 해수면이 조금씩 상승할 때마다 국토의 면적도 함께 작아져서 9개의 섬 중 이미 2개의 섬이 사라졌습니다.

2021년 11월에는 투발루의 외교장관이 무릎까지 물에 잠긴 곳에 서서 투발루 국민이 기후 위기와 해수면 상승이라는 위기에 처해 있다고 밝히면서 전 세계가 즉각적인 행동에 나서 달라고 촉구

유엔 기후변화 총회에서 방영된 섬나라 투발루 외교장관의 화상 연설 장면.

했습니다. 지금까지 주로 농업과 어업에 종사해 온 투발루 국민들은 이제 어디로 가야 할지 막막하기만 합니다.

해수면이 계속 상승한다면 2060년경에는 전 국토가 침수되어 나라 전체가 사라질 위기에 처해 있습니다. 이렇게 되면 국민들은 과연 어디로 가야 할까요? 그나마 투발루는 인구가 1만 명 남짓이어서 인근 국가에서 이민을 받아 줄 수도 있습니다. 그런데 만약 인구가 수백만인 나라에서 이민자가 발생한다면 어떻게 해야 할까요?

정치 난민과 기후 난민

우리나라도 가끔 홍수 피해로 인해 수재민이 생깁니다. 그런 일이 발생하면 정부나 지방자치단체가 나서서 인근 학교나 체육관에 임시로 거처를 마련하고 각종 생필품 등을 지원해 줍니다. 만약 이러한 사태가 대규모로 발생한다면 일부 가난한 나라에서는 국가가 지원을 해 줄 수 없는 경우가 생길 수도 있습니다. 이렇게 되면 뿔뿔이 흩어져 각자 알아서 다른 나라로 떠나야 하는데 이를 난민이라고 합니다.

지금까지 난민이라고 하면 정치나 종교, 전쟁 등의 분쟁으로 그 나라에서는 도저히 살 수 없어 다른 나라로 떠나는 경우가 대부분이었습니다. 난민이 발생하는 나라들은 가난한 경우가 대부분이어서 미국과 서유럽의 국가들은 인도적인 차원에서 난민을 받아들이곤 했습니다. 하지만 이 문제를 둘러싸고 사회적 갈등이 점점 커지자 더 이상 난민을 받지 않는 방향으로 가고 있습니다.

그런데 이제는 기후 난민도 현실이 되고 있습니다. 오히려 기후 난민은 다른 난민보다 더 큰 규모로 발생할 가능성이 큽니다. 지금의 추세라면 아시아와 아프리카 지역에서 2050년까지 1억 5000만 명의 기후 난민이 발생할 수 있습니다. 대략 1년에 600만 명 정도가 꾸준히 발생하는 셈입니다. 이 중 3분의 2는 해수면 상승과 홍수로 인한 침수 때문이고 3분의 1 정도는 고온 현상으로 더 이상 농사를 지을 수 없어 농경지를 버리고 다른 곳으로 떠나야 하는 사람들입니다. 이를테면 방글라데시는 인구의 83퍼센트가 농민인 농업국으로, 농경지는 주로 강 하구의 비옥한 삼각주 지역에 자리 잡고 있습니다. 그런데 해수면 상승과 잦은 폭우로 농경지가 유실되면 수많은 농부가 난민으로 전락합니다.

더욱 심각한 곳은 아프리카 대륙입니다. 아프리카는 사하라 지역이 매우 건조한데 지구 온난화에 따라 건조화가 더욱 심해져 가뭄과 토지 황폐화가 발생합니다. 아프리카는 관개 시설이 부족하여 천수답에 의존하는 경우가 많아서 기후변화에 더욱 취약합니다. 천수답이라는 것은 오로지 빗물에 의존해서 농사짓는 것을 말합니다. 아프리카는 강수량이 많은 곳은 아니므로 침수 피해보다는 농작물이 자라지 않아 식량 생산에 문제를 초래합니다. 그 결과 굶주림으로 난민이 발생하는 것이지요. 이 역시 가난한 나라일수록 더 큰 피해를 입는 셈입니다.

그렇다면 이들 기후 난민은 어디로 가야 할까요? 지구 온난화의 책임이 큰 유럽과 미국은 더 이상 난민을 받지 않으려 합니다.

자국 내에 외국인 혐오증, 백인 우월주의 등에 의해 폭력 사태가 발생하는 등 뜻하지 않은 사회문제를 겪고 있기 때문입니다. 무엇보다 아직까지 국제사회에서는 정치나 종교, 전쟁으로 인한 난민만을 난민으로 인정할 뿐 환경 난민, 기후 난민은 난민으로 인정하지 않고 있습니다. 그들은 그저 불법체류자로 취급될 뿐이어서, 언제든 추방이 가능합니다. 이들은 과연 어디로 가야 할까요?

03.

더우면 왜 가난한 사람들이 더 많이 고통받을까?
_ 옥탑방, 반지하, 쪽방

3. 더우면 왜 가난한 사람들이 더 많이 고통받을까? _옥탑방, 반지하, 쪽방

시카고는 미국 동부에 있는 도시입니다. 19세기 유럽에서 이민자들이 들어와 빠르게 성장해서 1870년대의 시카고는 뉴욕보다 더 번화한 도시였습니다. 그런데 1871년 원인을 알 수 없는 큰 화재가 발생하여 300여 명이 사망하고, 10만 명의 이재민이 발생했습니다. 시카고 대화재 사건은 미국 역사 초창기에 가장 큰 피해를 끼친 재해로 기록되었습니다. 하지만 1990년대에 이것보다 더 많은 사람이 사망하는 사고가 일어났습니다. 바로 더위로 인한 사망이었습니다.

자연 재해와 사회적 재난

1995년 7월 중순 미국 시카고에는 30도 중반을 넘는 폭염이 일주일이나 지속되었고, 그 때문에 주민 485명이 사망했습니다. 생각보다 많은 사망자 수에 시 당국은 원인 파악에 나섰고, 사망자들에게서 몇 가지 공통점을 발견했습니다. 사망자 중 65세 이상의 노인이 73퍼센트를 차지했고 흑인과 저소득층 가구가 많았습니다. 다시 말해 가난하고 혼자 사는 노인이 주로 사망한 것입니다.

사망 현장 또한 공통점이 많았습니다. 사망자들이 거주한 공간은 대체로 덥고 습하고 어두침침했고, 창과 현관문이 모두 닫힌 채 잠겨 있었습니다. 그렇다면 왜 이렇게 많은 사람이 창문을 걸어 잠근 방 안에서 혼자 사망한 걸까요?

날씨가 더울 때 에어컨을 틀면 당연히 시원해집니다. 하지만 모든 집에 에어컨이 있는 건 아닙니다. 너무 가난하면 집에 에어컨을 놓지 못할 수도 있습니다. 그렇다면 창문과 현관문을 모두 열어 놓거나 집 밖에라도 나와 있으면 좀 낫지 않았을까요? 하지만 치안이 불안하여 범죄 위험이 높으면 아무리 대낮이라도 창문과 현관문을 열어 놓을 수 없습니다. 특히 혼자 사는 노인이라면 범죄에 대한 불안감이 더욱 높아서 항상 문을 걸어 잠근 채 지내게 됩니다.

치안 상태는 부유한 동네에 비해 가난한 동네가 좀더 취약할 수 있습니다. 범죄 발생률도 자연스럽게 높아지겠지요. 시카고 무더위 때 사망자 비율이 높은 동네도 그랬습니다. 가난한 지역에서

홀로 거주하는 노인들의 사망률이 높았던 것입니다. 폭염이라는 자연 재해에 독거노인과 빈곤, 치안이라는 사회적 문제가 겹쳐 발생한 일이었습니다.

미국의 도시들은 인종에 따라 서로 다른 동네에서 사는 경우가 많습니다. 인종별 주거 분리, 빈부격차에 따른 계층별 주거 분리로 유명합니다. 이런 주거 분리는 소외감이나 위화감을 조성할 뿐 아니라, 빈곤한 동네의 치안이 더 불안하다는 것에 문제가 있습니다. 노상강도나 주거침입 등의 범죄가 발생하는 빈도도 부유한 동네에 비해 높습니다. 그러니 이곳에 거주하는 사람들은 대낮에도 무서워서 밖에 나오지 못하고 모든 문을 걸어 잠근 채 지내게 됩니다. 그러다 갑작스럽게 전에 없는 자연 재해가 닥치면 미처 대처할 새도 없이 참변을 당하게 되는 것이지요.

미국같이 세계 최고의 부자 나라의 대도시에서 겨우 폭염 때문에 그렇게 많은 사람들이 사망했다는 것이 의아할 수도 있습니다. 하지만 이런 모순적 사회 구조를 알고 나면 그 이유를 이해하게 되지요. 대수롭지 않게 넘길 수 있는 폭염이 사회적 취약계층에게는 목숨까지 앗아갈 수 있는 큰 재앙이 되는 셈입니다.

지구 온난화는 폭염뿐 아니라 폭풍과 폭우의 발생 빈도도 높

폭풍으로 인해 부서진 가옥. 지구 온난화는 더 잦은 폭풍 피해를 야기하는데, 대개 가난한 사람들이 더 큰 피해를 입는다.

이는데, 그 피해도 가난한 사람에게 더욱 크고 가혹하게 작용합니다. 2005년 8월 미국 남부에서 허리케인 카트리나가 발생하여 뉴올리언스의 70~80퍼센트가 침수되고 1000명 이상이 사망하는 일이 발생했습니다. 그런데 침수 피해를 입은 곳은 주로 흑인들이 사는 가난한 동네가 많았습니다.

미국 남부는 예전에는 주로 대규모 농장이 많았고 흑인 노예들이 그곳에서 일을 했습니다. 이들 노예는 오래전에 해방되었지만 흑인들의 생활은 여전히 가난했고 이는 결국 주거지의 차이로 이어졌습니다. 가난한 사람들(주로 흑인)은 저지대에 살고 부유한 사람들(주로 백인)은 고지대에 살고 있습니다. 그런데 폭우가 발생하면 당연히 고지대보다는 저지대가 취약할 수밖에 없습니다. 그 결과 흑인들의 피해가 커지는 것이지요.

한편 2012년 10월에는 허리케인 샌디가 미국 동부 해안 지방을 강타하면서 뉴욕, 뉴저지 등의 주요 도시가 피해를 입었습니다. 그런데 이때 뉴욕보다 더 큰 피해를 입은 곳은 자메이카, 아이티, 쿠바 등의 가난한 나라들이었고 그중에 특히 아이티가 심각했습니다.

아이티는 17세기 말부터 프랑스의 지배를 받았던 곳으로 국민의 대부분이 프랑스인 소유의 농장에서 노예 생활을 했습니다. 그러다가 18세기 말 프랑스가 정치적으로 혼란한 틈을 타서 독립을 했습니다. 이는 흑인 노예들이 자신의 힘으로 독립을 쟁취한 사례로, 지금도 아이티는 인구의 95퍼센트가 흑인입니다. 하지만 이렇다 할 경제적 기반이 없어 아메리카 대륙에서 가장 가난한 나라 중 하나이기도 합니다. 도심 기반 시설과 사회적 서비스가 미비해서 똑같은 재난이 닥쳤을 때 피해는 뉴욕보다 훨씬 컸습니다. 샌디로 인해 55명이 사망했는데, 이는 뉴욕시의 사망자 39명보다 많은 수였습니다.

방범창이 목숨을 위협한다고?

폭염이나 폭우가 발생했을 때 가난한 사람들이 더 큰 피해를 입는 것은 우리나라도 예외가 아닙니다. 대표적인 예가 반지하, 옥탑방에 사는 사람들입니다. 서울을 비롯한 대도시의 오래된 동네에는 이른바 '빌라'라고 부르는 다가구 주택들이 있고 이런 주택에 반지하나 옥탑방 형태의 거주 시설이 많이 있습니다. 임대료가 저렴해서 서민이나 사회에 갓 나온 청년들이 이런 곳에 세를 들어 사는 경우가 많은데, 주거 환경은 열악한 편입니다.

반지하는 지하와 지상에 반쯤 걸쳐 있어 붙은 이름인데, 그 특성상 여름철 폭우가 내렸을 때 침수 피해를 입기 쉽습니다. 더욱 위험한 것은 반지하에 방범창이 설치된 경우입니다. 도둑을 막기 위해 안전상 설치한 이것이 폭우 시에는 오히려 생명을 위협합니다. 물이 차오르는 속도는 생각보다 몹시 빨라서 침수가 시작되면 최대한 빠르게 대피해야 합니다. 그런데 물이 이미 허리까지 차오

반지하는 지하와 지상에 반쯤 걸쳐 있어 붙은 이름이다. 여름철 폭우가 내렸을 때 침수 피해를 입기 쉽다.

르면 수압에 의해 현관문이 열리지 않을 수 있습니다. 이럴 때는 창문을 열고 대피해야 하는데 방범창이 설치되어 있으면 빠져나갈 수가 없습니다. 현관문도 열리지 않고 방범창 때문에 창문으로도 대피할 수 없다면 자신이 살던 방 안에서 익사하는 일이 발생할 수 있습니다.

옥탑방도 위험하기는 마찬가지입니다. 건물 꼭대기에 설치된 옥탑방은 더운 여름의 태양 볕을 그대로 받습니다. 그러니 집 안의 온도도 다른 층보다 높겠지요. 무더위가 기승을 부리는 여름을 견디기가 무척 힘듭니다. 여름 한낮 기온이 30도 중반을 넘으면 옥탑방의 기온은 40도에까지 이를 수 있어 기저질환이 있는 노약자라면 특히 위험합니다.

그렇다면 이렇게 범죄와 기후 재난에 취약한 반지하와 옥탑방은 어떻게 생겨났을까요? 본래 「건축법」에 의하면 지하에는 사람이 사는 방을 만들 수 없습니다. 그런데 가끔 지상과 지하에 반쯤 걸쳐진 방이 건축 과정에서 생길 수 있습니다. 우리나라는 언덕과 경사 지형이 많아서 이런 경우가 더러 생기는데, 그렇다면 이것은 지상의 방일까요, 지하의 방일까요? 이때 방의 천장고(바닥에서 천장까지의 높이)를 기준으로 절반 이상이 지상으로 나와 있으면 지상의 방, 절반 이상이 지하에 있을 때는 지하의 방으로 간주합니다. 따라서 절반 정도가 지상에 나왔다면 지상의 방으로 간주되어 불법이 아닌데, 이를 교묘히 이용하여 만든 것이 이른바 반지하 방입니다.

옥탑방도 마찬가지입니다. 「건축법」상 주택의 옥상에는 사람이 사는 방을 만들 수 없고 물탱크실이나 창고 정도의 가설물만 둘 수 있습니다. 이때 가설물의 면적은 옥상 전체 면적의 8분의 1 이상을 넘어서는 안 됩니다. 그런데 이런 규정을 교묘히 악용하여 처음에는 물탱크실을 만들어 놓고 나중에 방으로 개조하여 세를 주는 것이 바로 옥탑방입니다. 이미 다 지어진 건물 위에 증축하는 것이어서 되도록 값싸고 건물에 무게 부담을 주지 않을 정도의 가벼운 재료를 사용하여 얼기설기 만들다 보니 겨울에는 춥고 여름에는 덥습니다.

이런 반지하와 옥탑방은 1960~1970년대에 주로 만들어졌습니다. 우리나라는 공업화와 근대화가 빠르게 진행되면서 농촌을 떠나 도시로 들어오는 인구가 급격히 늘었고, 주택이 몹시 부족했습니다. 당시에는 단독주택이 대부분이어서, 한 건물에 여러 세대가 셋방살이를 했습니다. 주인 입장에서는 방이 많을수록 이득이었습니다. 때로 정부와 지방자치단체에서도 이를 묵인하는 경우가 많았습니다. 요즘은 분양 아파트와 임대 주택이 많이 지어지지만 당시에는 이렇게 아파트를 많이 지을 수가 없었습니다. 그러다 보니 집주인이 이런 방식이라도 부족한 주택을 늘리는 것을 묵인하다시피 한 것이었습니다.

일반적으로 주택가에서는 2층 주택을 지을 수 있는데, 보통 1층에는 주인이 살고 2층은 세를 주곤 했습니다. 그런데 나중에는 세를 더 많이 받기 위해 지하에 있는 보일러실이나 창고를 개조하여 방으로 만든 다음 세를 주고, 옥상에도 물탱크실을 개조해 방을 만들어 세를 주는 경우가 생겼습니다. 그러다가 아예 세를 줄 목적으로 2층집을 지으면서 반지하와 옥탑방을 만들었습니다. 짓기는 2층집으로 지었지만 반지하와 옥탑방까지 포함하면 사실상의 4층집이 되는 셈이기 때문입니다. 그리고 이런 주택을 제도적으로 양성화한 것이 다가구 주택입니다. 그래서 지금도 오래된 동네에 가면 이런 집을 흔히 볼 수 있는데, 여름철 폭우와 폭염이 발생했을 때 가장 큰 피해를 입습니다.

비닐하우스에서 살아가는 사람들

반지하와 옥탑방 외에도 열악한 주거 형태가 또 있습니다. 농촌에서는 집이 아닌 비닐하우스에서 살아가는 사람들이 있습니다. 주로 농촌의 부족한 일손을 돕기 위해 고용된 외국인 노동자들이 이러한 곳에서 삽니다. 콘크리트나 벽돌이 아닌 비닐로 지은 집에 보온용 덮개를 덮은 것이니 여름에는 덥고 겨울에는 춥기가 이루 말할 수 없으며 태풍과 폭우에도 취약합니다.

도시에서는 쪽방이나 고시원 등에서 살아가는 사람도 있습니다. 쪽방은 보통 하나의 방 정도 되는 공간을 6~7제곱미터 남짓의 조그만 방으로 나눠 세를 놓는 방을 말합니다. 한 사람이 겨우 들어갈 정도로 좁은 방이 다닥다닥 붙어 있는 쪽방은 특히 여름에 덥습니다. 쪽방은 오래전에 지어진 건물을 개조하여 만든 것이 대부분이라 에어컨이 설치되지 않은 곳이 많습니다. 이런 쪽방에는 주로 60~70대의 노인이 혼자 사는 경우가 많은데 이들은 부채나 선풍기 하나로 여름을 나곤 합니다. 이는 시카고 폭염 발생 시 노인 사망률이 높았던 것을 떠올리게 합니다. 우리나라는 노인 인구 비율이 높은 고령화 국가일 뿐 아니라, OECD 기준으로 노인 빈곤율도 높습니다.

반지하, 옥탑방, 쪽방 등에 노인이 혼자 거주할 때 한여름의 폭염도 위험하지만 폭우가 내렸을 때도 위험합니다. 노인들은 젊은 사람에 비해 다리가 불편하고 질병을 앓고 있는 경우가 많은데, 갑작스러운 상황이 닥쳤을 때 대피가 더 어려울 수 있겠지요. 지구 온난화에 따른 폭염과 폭우 피해는 고령과 빈곤이라는 사회취약 계층에게 더 큰 재난이 되는 것입니다.

다행스럽게도 최근에는 주거 개선 사업을 통해 반지하방이 점차 사라지는 추세에 있습니다. 요즘은 1층이나 반지하에는 방을 들이지 않고 주차장으로 건설하는 다가구 주택이 많습니다. 그래서 예전에 지어진 주택을 제외하면 새로 지어지는 건축물에는 반지하방이 거의 없습니다.

뿐만 아니라 정부나 지방자치단체에서는 침수 우려가 있는 반지하 주택을 매입하여 다른 용도로 활용하기도 합니다. 매입 후 리모델링을 거쳐 주민 커뮤니티센터나 청년 창업 공간으로 활용하는 것입니다. 혹은 반지하 주택을 아예 철거한 후 공공 임대 주택으로 다시 짓기도 합니다. 최근에는 반지하에 살고 있는 사람들에게는 지상의 방으로 이사 갈 수 있도록 이주 비용을 지원하고 있습니다. 따라서 폭우 시에 가장 위험했던 반지하의 문제는 점차 해소될 것으로 보입니다.

04.

패스트, 패스트, 집도 패스트?
_ 패스트 하우징과 가변형 아파트

4. 패스트, 패스트, 집도 패스트?
_패스트 하우징과 가변형 아파트

세계 역사에 획기적인 변화를 가져온 산업혁명이 가장 먼저 일어난 분야는 옷감과 섬유 관련 공정이었습니다. 본래 기계 정비공으로 일하던 제임스 와트가 기존의 증기기관을 개량하여 고효율의 증기기관을 만들어 낸 것이 산업혁명의 시작입니다. 이후 증기기관을 이용하여 실을 잣는 방적기, 옷감을 짜는 방직기가 발명되었습니다. 왜 수많은 기계 중에서 실을 잣고 옷감을 짜는 기계가 가장 먼저 발명되었을까요?

패스트 패션

당시 영국에는 실과 옷감의 원재료가 되는 면화가 넘쳐났습니다. 예전과 같이 사람의 손으로 일일이 실을 잣고 옷감을 짤 수가 없을 정도였어요. 그 많은 면화는 영국의 식민지였던 인도에서 생산된 거였습니다. 인도는 예로부터 질 좋은 면화의 생산지였는데, 영국이 인도를 식민 지배하면서 인도산 면화를 싼값으로 영국에

들여온 것입니다. 이를 재빨리 가공해 옷감으로 만들기 위해 기계의 힘을 빌리기 시작한 것이 산업혁명의 시작이라 할 수 있습니다.

증기기관이 설치된 화력 발전소와 거기서 생산된 전기로 방적기와 방직기를 돌리는 공장이 한데 몰려 있는 공업 도시가 생겨났습니다. 대표적인 것이 맨체스터로, 어웰강을 따라 수백 개의 공장이 들어섰습니다. 1830년 무렵 맨체스터는 영국 면화 생산의 80퍼센트를 담당하면서 '면화의 도시'라는 별명도 얻었습니다. 한편으로는 석탄을 가장 많이 사용하는 도시이자 가장 많은 이산화탄소를 배출하는 도시가 되어 갔습니다.

옷의 소비량도 늘었습니다. 집에서 손으로 옷감을 짤 때에는 1년에 생산하는 옷감과 소비할 수 있는 옷의 양이 서로 비슷했습니다. 하지만 옷감을 공장에서 가공하기 시작하면서 옷도 사람들이 필요로 하는 것보다 더 많이 만들어지기 시작했습니다. 소비할 수 있는 양보다 더 많은 옷이 생산되면서 과잉 소비가 일어났습니다. 옷이 낡거나 해지지도 않았는데 유행이 지났다는 이유로 버리고 새 옷을 장만하는 일이 많아진 것입니다. 이 유행의 주기도 점점 빨라졌는데 그 주기가 너무 빨라 놀라울 정도입니다.

요즘 세계적 브랜드라 할 수 있는 자라(스페인), 유니클로(일본),

H&M(스웨덴) 등에서는 1년에 12번이나 24번, 심지어 52번이나 신상품을 출시합니다. 이렇게 매달 혹은 매주 생산되는 옷들이 팔리기 위해서는 옷값이 아주 저렴해야 합니다. 그래서 옷의 디자인은 본사에서 소수의 디자이너들이 하고 실제 그 옷을 만드는 곳은 인건비가 싼 아시아(주로 중국, 인도네시아) 국가들입니다. 그렇게 만들어진 옷을 싸게 사 입는 사람들은 유럽, 미국의 선진국 국민들이며 그들은 고작 한 계절을 입고는 유행이 지났다는 이유로 버립니다.

옷은 재활용도가 매우 낮습니다. 수거된 옷 중 1퍼센트 정도만이 구제 용품점에서 되팔리고 나머지는 대개 아프리카의 가난한 나라들에서 폐기됩니다. 옷을 생산하는 곳은 아시아 국가, 소비하는 곳은 유럽과 미국, 수거되어 폐기되는 곳은 아프리카입니다. 이 모든 과정에서 온실가스가 배출됩니다.

옷 한 벌이 비행기나 선박, 자동차로 대륙 간을 이동할 때 석유 연료를 사용합니다. 산업혁명을 촉발한 원인 중 하나였던 패션 산업은 지금 온실가스 배출의 주범이 되었습니다. 이처럼 유행 주기에 따라 사용 기간이 너무 짧아진 옷을 패스트 패션이라 합니다. 문제는 옷뿐 아니라 가전제품이나 가구의 사용 주기도 점차 짧아지고 있다는 것입니다.

패스트 일렉트로닉

우리는 일상에서 노트북, 태블릿 PC, 스마트폰, 에어컨, 세탁기, 냉장고 등 수많은 가전제품을 사용하고 있습니다. 그런데 이런 모든 제품들의 역사는 고작 100년 남짓입니다. 가전제품은 제1, 2차 세계 대전 당시에 군수용품으로 개발된 것이 많습니다. 전쟁이 끝나고 나면 이러한 첨단기술의 군수용품들을 민간에서 사용할 수 있는 생활용품으로 바꾸어 출시합니다. 이것이 바로 가전제품의 시초입니다.

진공청소기, 세탁기, 전자레인지, 식기세척기, 냉장고 등은 고된 주방 일을 대신해 줄 수 있는 기계였습니다. 이는 진보와 여성해방의 동의어가 되어 1950~1960년대 미국과 유럽에서 불티나게 팔렸습니다.

가전제품을 만들려면 대규모 공장이 있어야 합니다. 이는 많은 노동자를 고용해서 일자리를 창출하고, 노동자는 일을 해서 받은 월급으로 다시 가전제품을 구매하게 됩니다. 이러한 물질적 풍요로 인해 전쟁 후 복잡하고 혼란한 사회적 상황은 어느 정도 해결되었습니다. 하지만 새로운 가전제품이 늘면서 석탄의 사용도 함께 늘었습니다. 가전제품은 전기가 있어야 작동이 되는데, 전기는 주로 화력 발전소에서 석탄을 때 생산했기 때문입니다.

1980년대 이후 휴대전화와 컴퓨터가 나오기 시작하면서 이제는 누구라도 주머니 속에는 스마트폰, 책상 위에는 컴퓨터를 놓게 되었습니다. 그러면서 점차 가전제품도 패션과 비슷한 길을 걷게 되었습니다. 소비를 촉진시키기 위해 끊임없이 신제품이 출시되고 사람들은 기존의 제품이 고장 나지도 않았는데 멀쩡한 제품을 버리고 새 제품을 사게 됩니다. 그렇게 버려진 가전제품들은 또 어디로 가는 걸까요?

세계적인 가전제품 브랜드들은 대개 다국적 기업이 대부분입니다. 이들 제품 역시 옷처럼 설계와 디자인은 미국과 유럽의 본사에서 하고 제품을 실제로 제조하는 공장은 노동력이 싼 아시아 국가들에 있습니다. 대표적인 곳이 중국입니다. 중국은 현재 '세계의 공장'이라 불릴 정도로 세계 각국의 공장들이 위치해 있습니다. 당연히 이 많은 공장들은 가동을 위해 많은 양의 석탄을 사용하고 그 결과 세계에서 가장 많은 온실가스를 배출하고 있습니다.

중국은 세계 제일의 공해 유발 국가라는 오명을 가지고 있지만, 중국에서 생산된 제품을 실제 사용하는 곳은 유럽과 미국의 부유한 국가들입니다. 2~3년 주기로 새로운 가전제품이 쏟아져 나

가전제품들도 이제 2~3년의 짧은 사용 후 쉽게 버려지는 패스트 일렉트로닉이 되었다.

오면 꼭 그만큼의 헌 제품이 버려지고 그 많은 폐기물은 주로 아프리카 지역에 버려져 매립되고 있습니다. 패스트 패션에 이어 패스트 일렉트로닉이라 할 수 있습니다.

가구의 사용 기간도 점차 짧아지고 있어 패스트 퍼니처라 부를 만합니다. 책상이나 의자, 옷장과 같은 가구들은 주로 나무를 베어 만듭니다. 예전에는 가구의 값이 비싸서 오동나무 장이나 자개장을 마련하면 20~30년은 너끈히 사용했습니다. 하지만 요즘은

어느 대형 가구 매장의 진열대에 놓인 조립식 가구들. 가구도 이제 대량으로 값싸게 공급되고 있다.

그런 일이 거의 없습니다.

패스트 패션 업계의 대표 주자로 자라를 꼽는다면, 가구업계에는 값이 저렴하기로 유명한 이케아가 있습니다. 가구도 이제 4~5년, 짧게는 2~3년마다 바꾸게 되었습니다. 요즘 청년층을 중심으로 1인 가구가 증가하면서 원룸이나 오피스텔 등에 사는 사람이 많아졌습니다. 자주 이사를 다니다 보니 이사 가서 가구의 크기가 맞지 않으면 버리고 크기에 맞는 가구를 새로 사게 됩니다. 가구 역시 제조는 중국, 인도네시아 등에서 하고 그 폐기물을 받는 곳은 아프리카 국가들입니다.

옷이나 가구, 심지어 주택까지도 제조와 사용, 폐기가 전 지구적으로 이루어지면서 덩치 큰 물품이 대륙과 대양을 오갑니다. 더 많은 석유를 사용하게 되고 이는 고스란히 이산화탄소 배출로 이어집니다.

패스트 하우징

패스트 패션, 패스트 일렉트로닉, 패스트 퍼니처는 모두 어디에 있나요? 바로 집입니다. 이제 집도 옷처럼 유행에 따라 사용 주기가 짧아질까요? 낡거나 무너지지도 않았는데 단지 유행이 지났다는 이유로 멀쩡한 집을 헐고 집을 다시 짓는다면 어떻게 될까요?

우리나라에서 아파트는 지은 지 20년이 지나면 슬슬 재건축 이야기가 나오기 시작하고 30년이 지나면 노후 아파트라 불리곤 합니다. 우리나라의 아파트는 20~30년이 지나면 헐고 새로 짓곤 하는데, 외국과 비교해 사용 연한이 짧은 편입니다. 유럽에서는 100년 전에 지어진 아파트에도 여전히 사람이 살고 있으니까요.

사용 연한이 짧다는 면에서 우리의 아파트는 패스트 하우징이라 부를 수 있겠네요.

건물을 헐고 새로 짓는 과정에서도 많은 자원이 낭비되고 온실가스가 배출됩니다. 건축물의 주된 재료는 철강과 시멘트입니다. 그런데 산업 부문에서 이산화탄소를 가장 많이 배출하는 분야가 바로 철강과 시멘트의 제조 공정입니다. 철을 생산하기 위해서는 고온의 용광로가 필요한데, 그 연료는 대개 석탄입니다. 한편 시멘트는 석회석을 고온에서 구워 고운 가루로 빻아 낸 것인데, 이 과정에서도 많은 석탄이 사용됩니다. 이러한 철근과 시멘트를 주재료로 하여 아파트를 지은 뒤 고작 20~30년간 사용하다가 재건축을 위해 철거를 하면 그 건축 폐기물은 또 어디로 가는 걸까요?

현재 대부분의 아파트는 콘크리트 속에 철근을 넣는 철근 콘크리트 방식으로 지어집니다. 그래서 철거를 하게 되면 철근과 콘크리트를 따로 떼 내어 분리하기가 매우 어렵습니다. 설사 분리했다고 한들 한번 사용한 철근은 강도가 현저하게 떨어져서 다른 건물에 재사용하기가 어렵습니다. 한편 폐콘크리트는 재활용이 불가능해서 인근 해역에 버립니다. 옷이나 가전제품, 가구와 비교해 건축

건축 현장에서 철근을 설계에 맞춰 배열한 후 콘크리트를 타설하고 있다. 건축물의 주된 재료는 철근과 콘크리트인데, 두 가지 재료는 제조 공정에서 많은 탄소를 배출한다.

폐기물은 훨씬 더 덩치가 큽니다. 그야말로 집채만 한 폐기물이 발생하는데 이것을 그대로 버리는 것입니다.

건축물은 한번 짓고 나면 되도록 오래 사용하는 것이 중요합니다. 일반적으로 콘크리트의 내구연한은 50~100년으로 보고 있습니다. 내구연한은 원래 상태대로 사용할 수 있는 기간을 말합니다. 그런데 왜 우리나라의 아파트는 20~30년만 지나고 나면 노후

노후화된 건축물을 철거하면 폐콘크리트가 나오는데, 재활용 방안이 없는 상황이다.

되었으니 헐고 재건축을 하자는 이야기가 나오는 걸까요?

아파트의 노후는 크게 물리적 노후와 사회적 노후로 나누어 볼 수 있습니다. 물리적 노후는 말 그대로 건축물 자체가 낡았다는 뜻입니다. 엘리베이터, 전기, 수도 배관 등 기계 설비가 고장 났다거나 콘크리트에 균열이 생긴 것이 물리적 노후에 해당합니다. 고장 난 기계 설비는 교체를 하면 되고 콘크리트의 균열도 미세한 경우라면 보수가 가능합니다. 가끔 아파트 벽면에 흰색으로 땜질이 된 것을 볼 수 있습니다. 콘크리트에 미세한 균열이 생겨 그 틈으로 빗물이 스며들어 철근을 부식시킬까 봐 미리 조치를 취한 것입니다. 물론 더 큰 균열이 생기면 붕괴 위험도 있겠지만 실제로 아파트가 물리적 노후로 붕괴된 사례는 거의 없습니다.

한편 사회적 노후는 아파트를 지은 지 오래되어 어딘가 답답하고 불편하게 느끼는 현상입니다. 예를 들어 요즘 아파트는 안방에 드레스룸과 파우더룸이 있고 주방에는 팬트리가 있는데, 예전 아파트는 그런 것이 없어 불편할 수 있습니다. 또 요즘 아파트는 설계가 잘 되어 같은 면적이라도 이전 아파트에 비해 공간이 널찍널찍한데 예전 아파트는 상대적으로 공간들이 작아 답답하다고 느낄 수 있습니다. 주차 공간이 부족해서 불편하다는 이야기도 많이 나옵니다. 이렇게 어딘지 모르게 불편하고 답답하다고 느끼는 이유는 바로 사회적 수명이 다 되었기 때문입니다.

예를 들어 1970~1980년대만 해도 우리나라는 자동차 보급률이 높지 않아서 주차장을 계획할 때 1세대당 0.5대로 산정했습니다. 100세대의 아파트를 지을 경우 차량 50대를 주차할 수 있는 주차장을 만들었습니다. 하지만 1990년대부터 세대당 주차 대수를 1.2~1.5대로 산정하더니 요즘은 2대까지 산정하기도 합니다. 그러니 똑같은 100세대의 아파트라 해도 1990년대의 아파트는 120~150대의 차를 주차할 수 있고, 요즘의 새 아파트는 200대의 차를 댈 수 있어 새 아파트일수록 훨씬 편리하다고 느끼는 것입니다.

이렇듯 아파트 설계는 그 당시의 사회상을 민감하게 반영하고 있습니다. 사회는 빠르게 변하고 있지만 한번 지어진 아파트는 변할 수 없으니 옛날 아파트는 어딘지 불편하다는 이야기가 나오는 것, 이것이 바로 사회적 노후입니다. 그래서 물리적 노후가 아닌 사회적 노후로 인해 아예 헐고 새로 짓자는 재건축 이야기가 나옵니다. 옷이나 가전제품이 해지거나 고장 난 것도 아닌데, 유행이 지나 촌스럽다는 이유로 버려지는 것과 비슷합니다. 물리적 내구연한인 50~100년의 반밖에 사용하지 못하고 철거되는 아파트, 바로 패스트 하우징입니다.

가변형 아파트

그렇다면 어떻게 해야 아파트를 불편 없이 오래 사용할 수 있을까요? 사회적 노후가 문제라면, 변화하는 사회적 추세에 맞출 수 있도록 처음 지을 때부터 가변형 아파트를 지으면 됩니다. 가변형 아파트란 벽을 헐어 내어 내부를 마음대로 바꿀 수 있는 아파트를 말합니다. 안방에 드레스룸과 파우더룸이 없어서 불편하고, 자녀 방이 너무 작아서 불편하다면 벽을 헐어 내어 방 크기를 늘이면 됩니다. 하지만 우리나라 아파트에서는 이것이 금지되어 있습니다. 우리의 아파트는 '벽식 구조'가 대부분이어서 벽을 헐어 내면 구조적으로 큰 무리가 생겨 붕괴 위험이 있기 때문입니다.

일반적으로 건축물에는 벽식 구조와 기둥식 구조가 있습니다. 고대 건축물인 그리스 신전은 커다란 지붕을 떠받치기 위해 많은 기둥이 서 있습니다. 이와 같이 지붕과 바닥판 같은 수평 요소들을 지지하기 위해 기둥이 사용되는 것이 기둥식 구조입니다. 여기서는 기둥이 매우 중요한 역할을 하므로 기둥을 함부로 헐어 내었다가는 구조적으로 문제가 생겨 건축물이 무너질 수 있습니다. 대신 기둥만 건드리지 않는다면 벽을 이리저리 쌓아서 자유롭게 내부를 구획할 수 있습니다. 대개 오피스 빌딩이 이런 구조여서 가끔 내부 수리 중인 사무실을 보면 기둥만을 남긴 채 모든 것을 뜯어 낸 것을 볼 수 있습니다.

반면 아파트는 이와 달리 벽식 구조여서 벽이 기둥 역할을 합니다. 즉 벽이 기둥 역할을 하기 때문에 벽을 헐어 내는 것은 기둥을 헐어 내는 것만큼 위험해서 엄격히 금지하고 있습니다. 그렇기 때문에 방이 좁다고 벽을 헐어 내는 것은 불가능하고 처음에 지어진 그 방식대로 살아야 합니다. 절대 내부 구조를 바꿀 수 없습니다. 그렇다면 아파트도 벽식 구조가 아닌 기둥식 구조로 지으면 되지 않을까요? 기둥식 구조로 지어 얼마든지 내부 리모델링이 가능하도록 만든 것이 가변형 아파트입니다.

그동안 아파트를 벽식 구조로 지은 이유는 비용 때문이었습니다. 우리나라의 대도시는 1960~1970년대부터 극심한 주택 부족 현상을 겪었기 때문에 많은 사람이 거주할 수 있는 아파트를 빠른 시간 안에 저렴한 가격으로 대량 공급하는 것이 중요했습니다. 그 과정에서 기둥식 구조보다 건설비가 저렴한 벽식 구조로 짓는 것이 불문율이 되다시피 했지만, 이제는 시대가 변했습니다.

사회적 노화 때문에 사용 연한이 짧은 우리나라 아파트의 문제를 해결하기 위해 기존의 벽식 구조보다 기둥식 구조로 지어야 합니다. 최근에 지어지고 있는 가변형 아파트, 장수명 주택(오랫동안 존속 가능하고 쉽게 리모델링할 수 있는 공동 주택 형태) 등이 그러한 예입니다. 이러한 아파트가 확산되면 지은 지 겨우 20~30년이 지났다는 이유로 노후아파트라 불리면서 재건축이 되는 사례는 사라질 것입니다. 20~30년마다 집채만 한 건축 폐기물이 나오는 패스트 하우징이 아닌, 오래 사용하는 튼튼하고 질 좋은 아파트가 될 것입니다.

05.

미술관과 박물관이 된 공장들
_ 건축물의 재활용 또는 재발견

5. 미술관과 박물관이 된 공장들
_건축물의 재활용 또는 재발견

우리는 지구 환경을 지키기 위해 다양한 노력을 하고 있습니다. 비닐봉지와 종이컵 같은 일회용품을 되도록 사용하지 않고, 유리병이나 종이박스도 재활용을 위해 정해진 장소에 따로 배출합니다. 낡고 오래된 옷도 버리지 않고 수선해서 입는 등 되도록 재활용을 합니다. 그렇다면 한번 지어진 건축물도 재활용할 수 있을까요? 실제로 그러한 사례들이 있습니다.

런던의 테이트 모던 미술관

영국 런던의 템스 강변에 있는 테이트 모던 미술관은 본래 화력 발전소 건물이었습니다. 산업혁명의 나라답게 템스 강변에는 오래된 발전소와 낡은 공장 건물이 많았습니다. 19세기부터 공장과 발전소는 대개 강변에 지어져 공업단지를 형성했기 때문입니다. 물을 끓여 수증기를 얻는 증기기관의 특성상 다량의 물이 필요하고, 이렇게 생산된 전기를 공장에 곧바로 공급하기 위해 공장

런던 템스 강가의 테이트 모던 미술관. 본래는 발전소였다가 1980년대 폐쇄되었고 철거 대신 미술관으로 거듭났다.

도 발전소 옆에 두었습니다. 또한 공장에서는 많은 원자재와 상품 등이 이동하는데, 주로 배를 이용했기 때문에 이래저래 공장과 발전소는 강가에 위치하는 게 유리했습니다.

템스 강변에 자리 잡은 테이트 모던 발전소도 마찬가지였습니다. 1940년대인 제2차 세계 대전 직후 늘어난 전력 수요를 맞추기 위해 지어져 수십 년 동안 런던에 전기를 공급했습니다. 검은 연기를 뿜어내던 발전소의 높은 굴뚝은 번영과 진보의 상징이었지만 점차 공해 문제가 대두되면서 1981년 발전소는 가동을 멈추었습니다. 그리고 20년 가까이 방치되면서 런던의 흉물이 되었습니다. 이 정도라면 철거해야 했지만 런던시는 오래된 발전소를 미술관으로 리모델링하기로 했습니다. 파격적인 결정을 내린 이유는 자원을 재활용하듯 건축물도 재활용할 수 있다는 메시지를 주기 위해서였습니다.

화력 발전소는 1940년대에는 꼭 필요한 시설이었지만 탈산업화와 친환경 시대를 맞아 그 쓸모가 다하고 말았습니다. 하지만 건축물 자체는 아직 튼튼했습니다. 다시 말해 건축물의 사회적 수명이 다했을 뿐 물리적 수명이 다한 것은 아니었습니다.

화력 발전소는 그렇게 해서 2001년 테이트 모던 미술관으로 거듭났습니다. 발전소나 공장 건물은 일반 사무소나 아파트보다 훨씬 튼튼하게 지어집니다. 덩치 큰 각종 기계가 들어올 수 있도록 천장고가 높고, 기계들의 엄청난 무게를 받칠 수 있도록 튼튼하게 지었습니다. 여러 사람이 함께 일해야 하므로 동선도 매우 효율적으로 구성되어 있습니다. 미술관과 발전소는 전혀 어울릴 것 같지 않지만 이러한 점들 때문에 오히려 공통점이 많습니다. 각종 기계들이 있던 널찍한 공간은 21세기 현대미술의 특징인 설치미술, 행위예술을 하기에 좋습니다. 높은 천장고 덕분에 햇빛도 넉넉히 받을 수 있어 적절한 온도와 습도를 유지하기에도 좋습니다. 또 명확하고 효율적인 동선은 많은 관람객이 오가는 미술관에 안성맞춤이었습니다.

발전소 건물은 재활용이라는 개념을 명확히 드러내기 위해 외관을 크게 변경하지 않았습니다. 정면에 자리 잡은 높은 굴뚝도 그대로 두었고 발전기와 터빈홀 공간도 원래 구조를 활용했습니다. 발전기와 터빈홀이 테이트 모던 미술관이 지향하는 '열린 미술관'이라는 개념을 상징적으로 보여 주기 때문입니다. 과거 석탄을 실은 배가 발전소를 드나들었듯이, 이제 관람객들은 템스 강변의 산책로에서 자연스레 미술관으로 들어오게 됩니다. 천장고 20미터 남짓의 널찍한 터빈홀은 입구 로비의 역할을 하면서 동시에 현대 미술가들의 설치미술장으로도 사용됩니다.

테이트 모던 미술관이 개관한 지 20년 남짓이 지났고 지금까지 이곳을 찾은 관람객은 4000만 명에 이릅니다. 20세기에 전기를 생산하던 곳이 21세기가 되어 문화를 생산하는 장소가 된 셈입니다. 이와 비슷한 예는 또 있습니다.

토리노의 피아트 자동차 박물관

이탈리아의 피아트 자동차는 화려한 스포츠카가 아닌 대중적인 국민차를 만드는 것으로 유명합니다. 19세기 말 자동차가 처음 세상에 나왔을 때는 가격이 몹시 비싸서 소수의 사람만 이용할 수 있었습니다. 20세기부터 점차 대중화가 되면서 유럽에서는 대중을 겨냥한 자동차 공장이 여럿 생기기 시작했습니다. 프랑스의 시트로엥 자동차, 이름조차 '국민차'라는 뜻을 가진 독일의 폭스바겐을 비롯하여 이탈리아에는 피아트 자동차가 있었습니다.

피아트 자동차의 창립자는 지오반니 아넬리인데, 그의 아버지는 19세기 무렵 석탄 채굴과 철도 산업으로 큰 부자가 되었고 이후 오토바이도 만들었습니다. 지오반니 아넬리는 가업을 이어받아 1899년 토리노에서 자동차 공장을 설립합니다. 제1차 세계 대전 당시에는 군용 차량을 제작했다가 전쟁 후 민간 시장을 겨냥한 대중용 자동차를 선보이기 시작했습니다. 1923년 토리노 남부 링고토에 지어진 피아트 자동차 공장은 바로 이 시기의 산물입니다.

자동차는 수많은 부품을 조립하여 한 대의 차를 완성하기 때문에 자동차 공장을 지을 때는 조립 라인을 설계하는 것이 중요합니다. 링고토 공장은 그 점에서 탁월했습니다. 거대한 공장 건물은 전체 5층으로 이루어져 있는데, 조립 라인은 1층부터 5층까지 긴 경사로를 통해 전개됩니다. 1층에서부터 조립을 시작하여 경사로를 통해 2층, 3층, 4층으로 올라가면서 점차 자동차가 완성되는 형식입니다. 5층에 이르러 완제품으로 조립이 완성되고 나면 이제 잘 달릴 수 있는지 주행 시험을 거쳐야 하는데, 이 주행 시험장이 바로 공장 옥상에 마련되어 있습니다. 넓은 트랙을 서너 바퀴 돌아 주행 시험을 마친 자동차는 다시 경사로를 통해 1층으로 내려온 뒤 출고를 기다리게 됩니다. 조립에서 주행 시험 그리고 출고까지 매우 명확한 동선을 갖는 것이 특징이고 이곳에서 대량 생산된 피아트 자동차는 이탈리아 국민차가 되었습니다.

그러다가 이탈리아의 자동차 산업은 1970년대부터 조금씩 사양길을 걷게 됩니다. 저렴한 일본산 자동차가 유럽의 자동차 시장을 잠식하면서 탈산업화의 길을 걸었기 때문입니다. 공장은 1980년대 가동이 중단되었고, 폐쇄된 공장을 철거하는 대신 리모델링을 거쳐 토리노 자동차 박물관으로 만들기로 했습니다. 현재 이곳은 상점, 사무실, 호텔 및 피아트 자동차의 역사를 보여 주는 박물관으로 사용되고 있습니다. 관람객들은 100년 전 피아트 자동차가 만들어지던 조립 라인을 따라 걸으며 토리노와 피아트 자동차의 역사를 한눈에 보게 됩니다.

피아트 자동차 공장은 건물 옥상에서 수십 대의 자동차가 달려도 될 만큼 튼튼하게 지어졌습니다. 공장이 가동을 멈춘 것은 탈산업화에 따라 사회적 수명이 다했기 때문이지, 무너졌거나 붕괴 위험 등 물리적 수명이 다했기 때문이 아니었습니다. 마치 주스를 담았던 유리병을 깨끗이 씻어 새로운 음료를 담아내듯, 토리노 자동차 박물관은 20세기에는 자동차 생산이라는 기능을 담았다면 21세기에는 문화 생산이라는 새로운 기능을 담아내고 있습니다. 이러한 사례는 우리나라에도 있습니다.

서울 성산동 석유비축기지

현재 축구경기장으로 유명한 서울시 마포구 상암동과 인근의 성산동은 1970년대만 해도 조용한 변두리 동네였습니다. 이곳에는 동네 사람들도 모르는 거대한 국가 시설이 있었는데, 바로 석유비축기지였습니다. 19세기의 산업이 주로 석탄에 의존했다면 20세기에는 석유에 크게 의존했습니다.

때마침 1960~1970년대 우리나라에도 자동차가 증가하면서 석유 사용량이 크게 늘었습니다. 그런데 1973년과 1979년 두 차례에

걸쳐 석유 파동이 일어납니다. 우리나라처럼 전적으로 석유를 수입해서 쓰는 나라에서는 어느 날 갑자기 석유 공급에 차질이 생기면 국가 전체에 문제가 생길 수 있습니다. 그래서 만일을 대비해 석유를 비축하기 위한 시설로 만든 것이 바로 석유비축기지였습니다. 1979년 지름 15~38미터, 높이 15미터에 이르는 둥그런 드럼통 모양의 콘크리트 저장고 5개를 설치하고 T1~T5라는 이름을 붙이고 석유비축기지로 사용했습니다. 석유는 대략 131만 배럴을 비축할 수 있었는데, 이는 서울 시민의 하루치 석유 사용량이기도 했습니다.

5개의 탱크는 1급 보안 시설로 지정되어 지상이 아닌 지하에 매설되었습니다. 주변은 평범한 야산처럼 위장하여 그곳에 석유 저장 탱크가 있으리라고는 아무도 생각하지 못했습니다. 그렇게 20년 가까운 시간이 흘렀고 2002년 한일 월드컵을 개최할 때가 되었습니다.

성산동 인근의 상암동에 축구 경기장을 짓게 되었는데, 경기장처럼 사람이 많이 모이는 다중 이용 시설 주변에는 석유비축기지와 같은 위험 시설이 있어서는 안 됩니다. 혹시라도 응원 중 폭죽을 터뜨렸을 때 불똥이 튀면 대형 화재 사고로 이어질 수 있기 때

서울시 성산동에 있는 문화비축기지는 본래 석유를 비축하던 기지였다. 산업사회의 오래된 건축물이 21세기에 문화 공간으로 새롭게 거듭났다.

문입니다. 그래서 비축되어 있던 석유를 다른 곳으로 옮기고 2000년 11월 석유비축기지는 완전히 폐쇄되었습니다.

2012년 무렵 석유비축기지를 계속 방치할 것이 아니라 문화 공간으로 재활용하자는 의견이 나왔습니다. 폐기하고 철거하는 대신 지하에 매설되어 있던 콘크리트 탱크를 지상으로 꺼내어 다시 사용하기로 한 것입니다. 주변의 땅을 파서 평평한 공원으로 만드는 과정에서 30여 년 동안 지하에 매설되어 있던 5개의 콘크리트 탱크가 2017년 처음으로 모습을 드러냈습니다.

5개의 탱크는 모두 특색 있게 재단장되었는데, T1은 탱크 안에 커다란 유리천장을 만들어 햇빛이 가득 들어오게 하였습니다. T2는 야외 공연장으로 만들고 T3은 본래의 탱크 모습을 그대로 보전해 사람들이 들어가 관람을 할 수 있게 했습니다. T4는 복합 문화 공간으로 만들었고 T5는 석유비축기지의 역사를 보여 주는 이야기관으로 만들었습니다. 이렇게 리모델링을 하면서 철거된 폐자재들이 생겼는데 이를 재활용하여 만든 것이 T6으로 카페와 커뮤니티 센터로 이용하고 있습니다. 모든 건물은 드럼통 형태였던 원래 모습을 그대로 살렸습니다. 원통형이라는 독특한 형태를 유지하고 있으며 이제 석유 대신 문화를 담는 그릇이 되었습니다.

이제 석유비축기지에서 문화비축기지가 된 이곳은 건축물 재활용이라는 콘셉트에 맞게 다른 것도 재활용하고 있습니다. 바로 생활하수와 빗물을 받아 생활용수로 재활용합니다. 현재 대부분의 건축물은 상수도가 하나로 통일되어 있습니다. 그래서 주방에서 바로 먹을 수 있을 정도의 깨끗한 물로 화장실 변기까지 씻어 내리고 있습니다. 용변을 본 뒤 내리는 변기 물은 그 정도까지 깨끗할 필요가 없는데도 상수도가 하나이기 때문에 자원을 낭비하고 있는 셈입니다. 그래서 상수도를 2개로 만들어 바로 먹을 수 있을 정도의 깨끗한 물은 주방에 공급하고, 한번 사용한 생활하수는 간단한 정수 과정을 통해 화장실 변기 물로 재사용하는 방식을 택하는 것이 중요합니다. 물도 정수 과정에서 많은 자원과 에너지가 소비됩니다. 그래서 가장 깨끗한 1급수와 덜 깨끗한 2급수로 구분하여 공급하는 것이 좋은데, 문화비축기지에서는 바로 이 방법을 사용하고 있습니다.

영국 템스 강변에 있던 화력 발전소는 미술관이 되었고, 이탈리아 토리노에 있던 자동차 공장은 박물관이 되었습니다. 서울시 성산동에 있던 석유비축기지는 문화비축기지가 되었습니다. 석탄을 때는 화력 발전소, 석유를 사용하는 자동차, 석유를 비축하는 기지 등은 모두 지난 산업화 시기의 유물들이고 이제 건물은 용도를 다했습니다. 하지만 철거하고 폐기하는 대신 새로운 건물로 재활용하였습니다. 한번 지어진 건축물을 되도록 오래 사용하고 또 사회적 수명이 다했다면 새로운 용도로 재활용하는 사례를 보여주고 있습니다.

06.

제로 에너지 건물이 가능할까?
_ 글라스 커튼월 빌딩과 패시브 하우스

6. 제로 에너지 건물이 가능할까?
_글라스 커튼월 빌딩과 패시브 하우스

서울을 비롯한 대도시 번화가의 풍경들은 서로 비슷비슷합니다. 외관이 매끈한 유리로 덮인 높다란 빌딩들이 숲을 이루고 있지요. 이러한 건물들은 철근과 콘크리트로 뼈대를 짠 뒤 외관을 온통 유리로 싸다시피 해서 짓는데, 흔히 '글라스 커튼월' 건물이라고 부릅니다. 보기에는 세련되고 멋지게 보일지 몰라도 '에너지 먹는 하마'라는 별명도 갖고 있습니다. 여름에는 너무 덥고 겨울에는 너무 추워서 냉난방을 하는 데 많은 에너지가 들기 때문입니다.

글라스 커튼월 건물

철, 유리, 콘크리트는 근대 건축의 3가지 재료입니다. 이 중에 철과 콘크리트가 주로 뼈대를 짜는 데 쓰인다면 유리는 유리창을 비롯하여 외부 마감재로 쓰입니다. 철과 콘크리트는 제조할 때 고온의 가열 과정이 필요하므로 많은 온실가스를 배출합니다. 그런데 과도한 유리 사용도 많은 온실가스를 배출합니다.

외관이 온통 유리로 마감된 글라스 커튼월 건물은 세련된 인상을 주지만 여름과 겨울에 냉난방비가 많이 들어 '에너지 먹는 하마'라는 별명도 갖고 있다.

아파트의 발코니를 생각해 볼까요? 아파트의 거실 창은 바닥에서 천장까지 통유리로 되어 있고 발코니 창문도 마찬가지입니다. 그래서 발코니에 나가 있으면 겨울에는 외부에 있는 듯 몹시 춥고 또 여름철에는 매우 덥습니다. 이처럼 유리는 겨울에 춥고 여름에 더워서 냉난방을 하는 데 효율적인 재료는 아닙니다. 냉난방 에너지를 줄이자면 건물 외관에 유리의 사용을 줄이고 콘크리트의 사용을 늘려야 하는데 최근의 추세는 이와 반대입니다. 개방감이나 세련되고 깨끗한 이미지를 위해 철근과 콘크리트는 뼈대로만 사용하고 외관은 온통 유리로 마감한 '글라스 커튼월' 빌딩이 유행하고 있습니다.

글라스 커튼월(glass curtain wall) 건물을 처음으로 제안한 이는 근대건축의 3대 거장으로 알려진 독일 출신의 미스 반 데어 로에였습니다. 그는 제1차 세계 대전이 끝난 직후인 1919~1920년, 철골로 내부 뼈대를 짠 후 온통 유리로 마감한 20층짜리 마천루 건물의 계획안을 발표했습니다. 당시에는 너무나 혁신적인 아이디어여서 그저 계획안에 불과했지만, 1958년 미국 뉴욕 최고 중심가에 있는 시그램 빌딩이 그와 같은 방식으로 지어지면서 이후 오피스 건물의 전형적인 형태가 되었습니다. 전 세계 대도시의 오피스 건물이 대개 비슷비슷하게 생긴 데는 미스 반 데어 로에의 영향이 컸습니다. 우리나라도 어느새 이러한 건물이 대세로 자리 잡았습니다.

마치 유리 상자를 보는 듯한 글라스 커튼월의 건물은 복잡하고 답답한 도시에서 시원하고 세련된 인상을 줍니다. 특히 건물의 1층 로비가 널찍하고 천장고가 높아 탁 트인 개방감을 줍니다. 이런 이유들로 대기업의 사옥은 물론 지방자치단체 청사, 관공서 등도 이러한 형태로 많이 지어집니다. 하지만 에너지 소비 측면에서는 매우 비효율적입니다.

온통 유리로 되어 있어 여름에는 직사광선이 그대로 들어와 몹시 덥습니다. 특히 천장고가 높은 경우 겨울이 되면 몹시 추워집니다. 더운 공기가 위로 올라가는 특성상 아무리 난방을 많이 해도 아랫부분은 항상 춥게 느껴지기 때문입니다. 탄소 배출을 줄이려면 일상에서도 에너지를 덜 써야 하는데, 이러한 건물은 냉난방 에너지를 너무 많이 씁니다. 에너지 사용을 줄이기 위해 가전제품도 되도록 에너지 효율이 높은 제품을 선택하듯이, 주택이나 건물도 에너지 효율을 따져 지을 수는 없을까요? 글라스 커튼월의 건물이 에너지를 먹는 하마라면, 반대로 에너지를 절약하는 건축물은 없을까요?

패시브 하우스

건물의 에너지 효율은 이렇게 계산해 볼 수 있습니다. '쾌적한 환경에서 지내자면 바닥 면적 1제곱미터를 기준으로 1년간 얼마의 에너지가 드는가.' 우리나라의 지난 2001~2010년 사이의 단독주택의 에너지 효율은 17리터로 조사되었습니다. 이는 겨울철 실내 온도를 20도로 유지하려면 바닥 면적 1제곱미터당 연간 17리터의 등유가 필요하다는 뜻입니다.

흔히 국민주택이라 불리는 33평형 아파트의 실제 바닥 면적은 85제곱미터이므로, 이를 기준으로 환산해 보면 1년간 1445리터의 등유가 필요하다는 계산이 나옵니다. 상당히 많은 양이라 할 수 있는데, 주택 설계를 효과적으로 하면 그 필요량을 획기적으로 줄일 수 있습니다. 그런 주택을 패시브 하우스(passive house)라 합니다. 여기서 '패시브'는 '수동적인'이라는 뜻인데, 적극적으로 에너지를 생산하는 액티브 하우스(active house)와는 반대로, 효율적인 주택 설계를 통해 에너지 사용을 줄이는 주택이라는 뜻입니다.

패시브 하우스라는 명칭을 처음 사용한 곳은 독일입니다. 1988년 독일의 패시브하우스연구소는 단위 면적당 연간 등유 사용량이 1.5리터인 주택을 패시브 하우스라 칭하기로 했습니다. 국내 단독주택의 에너지 효율이 17리터인 것과 비교해 보면 10분의 1 이하인 것을 알 수 있습니다. 현재 우리나라에서는 에너지 효율이 1.5리터 이하를 패시브 주택, 3리터를 세미 패시브 주택, 7리터를 저에너지 주택이라고 부르고 있습니다.

최초의 패시브 하우스는 1991년 독일 헤센주의 다름슈타트시에 지어졌습니다. 볼프강 파이스트 박사가 설계한 4세대용 연립주택이었습니다. 이후 겨울이 길고 혹독한 북유럽 등지로 꾸준히 확산되었습니다.

그렇다면 건물을 어떻게 지어야 패시브 하우스가 될까요? 우리나라에서는 패시브 하우스를 이렇게 정의합니다. "햇빛이나 내부 발열을 난방 에너지의 주된 공급원으로 하되, 바닥 난방을 보조적인 수단으로 사용함으로써 적절한 실내 온도를 유지하고, 최소한의 에너지로 신선한 공기를 공급하여 거주자가 충분히 쾌적함을 느낄 수 있도록 만든 효율적이고 경제적인 건물." 이 요건을 충족시키기 위한 구체적인 방법으로 남향 배치, 단열, 열교 차단, 열 회수용 환기 장치의 설치 등이 있습니다.

"햇빛이나 내부 발열을 난방 에너지의 주된 공급원으로 하되"라는 말에서 알 수 있듯이, 햇빛은 난방 에너지의 주된 공급원입니다. 한겨울이라도 낮에는 남향의 큰 창을 통해 햇빛이 가득 들어오면 따듯해지는 것을 경험했을 것입니다. 겨울철에 따듯하게 지내려면 남향으로 큰 창을 내는 것이 중요합니다. 우리 전통가옥은 예로부터 남향집을 선호했고 지금도 아파트 분양 광고에 "전세대 남향 배치"라는 문구가 자주 보입니다. 오랜 경험을 통해 남향집의 장점을 알고 있는 것입니다. 반대로 북향으로는 창을 되도록 적게 내야 합니다.

이렇게 얻은 따듯한 열에너지를 빼앗기지 않으려면 단열이 매우 중요합니다. 단열이란 열의 흐름을 끊어 내부의 온도가 밖으로 빠져나가지 못하도록 하는 것인데, 쉬운 예로 보온병이 있습니다. 보온병은 병이 이중으로 되어 있어 내부의 음료 온도가 오래 유지됩니다. 이때 이중으로 된 병 사이는 공기가 없는 진공 상태로 만듭니다. 공기도 주요한 열전달 매체이기 때문에 중간에 공기가 없으면 열이 전달되지 않아 내부의 온도가 오래도록 유지되는 것입니다. 이러한 보온병의 원리를 응용한 것이 단열로서, 벽을 이중으로 쌓은 뒤 내부에 단열재를 넣습니다. 원칙대로 하자면 이중벽의 가운데를 진공으로 만들어야 하지만 주택의 경우 기술적으로 어렵기 때문에 진공 대신 단열재를 넣고 있습니다. 단열재로는 스티로폼, 아이소핑크(압출법 단열재), 글라스울(유리를 녹여 섬유 형태로 뽑아낸 것) 등을 많이 사용합니다. 가끔 건설 현장에서 벽 사이에 스티로폼을 집어넣는 이유가 바로 단열 때문인데, 벽체뿐 아니라 천장에도 넣는 것이 중요합니다.

벽체와 지붕에 단열을 했다면 이제 창문에도 단열을 해야 합니다. 같은 면적의 콘크리트와 유리가 있을 때 유리를 통해 훨씬 많은 양의 열이 빠져나가므로, 단열을 위한 패시브 창호를 사용해야 합니다. 요즘은 대부분 2중 유리창을 사용하고 있습니다. 유리와 유리 사이에 얇은 공기층을 두어 단열 성능을 높인 것인데, 최근에는 3중 유리창도 등장했습니다. 유리 표면에는 적외선 반사율이 높은 코팅을 하고 유리 사이에는 공기보다 열전도율이 더 낮은 아르곤 가스를 주입한 것으로 패시브 창호라고도 불립니다. 이렇게 벽과 유리창, 지붕에 모두 단열을 했다면 이제 열교를 차단해야 합니다.

열교(Thermal Bridge)란 말 그대로 열이 이동하는 다리로서, 열기가 잘 빠져나가는 취약 지점을 말합니다. 대표적인 것이 창문 틈이나 현관문 틈으로 흔히 "바늘구멍으로 황소바람 들어온다"는 속담이 열교 현상을 표현한 것입니다. 이를 방지하기 위해 창문을 닫을 때 고무패킹을 강하게 압착하는 방식인 시스템 창호를 설치하는 것이 중요합니다. 현관문, 베란다 등에도 빈틈없이 열교 차단 조치를 해야 합니다. 그런데 여기서 조금 문제가 생길 수 있습니다. 열교를 차단하기 위해 모든 틈새를 빈틈없이 밀봉하고 나면 환기는 어떻게 해야 할까요?

맑은 공기를 얻기 위해서는 겨울에도 주기적으로 창문을 열어 환기를 해야 합니다. 그런데 창문을 열면 찬바람이 그대로 들어와 몹시 추워집니다. 창문을 통해 실내의 탁한 공기가 열과 함께 빠져나가기 때문입니다. 이를 막기 위해 실내의 열기는 보존하면서 탁한 공기를 내보내고 외부의 신선한 공기를 들여오는 장치인 열 회수형 환기장치를 설치해야 합니다. 이는 차가운 외부 공기를 실내로 들여보내기 전 버려지는 폐열(따듯한 실내 공기)로 미리 덥혀 실내에 투입하는 방식의 기계 장치이며, 대개 지하실에 설치합니다.

그럼, 이와 같이 단열, 열교 차단, 열 회수형 환기 장치로 겨울의 난방비를 줄이는 것은 해결되었고 이제 여름의 냉방비는 어떻게 줄일 수 있을까요?

여름철에 시원한 집을 만들기 위해서는 뜨거운 햇빛을 피하는 것이 가장 중요합니다. 햇빛은 양면적인 것이어서 겨울에는 남향의 창을 통해 들어와 집을 따듯하게 해 주지만, 여름에는 이것이 오히려 역효과를 냅니다. 여름철 햇빛을 차단하기 위해서는 창문 외부에 차양을 설치해야 합니다. 우리의 전통가옥은 남향집이면서 지붕 밑에 처마가 발달했는데, 처마가 바로 햇빛을 가려 주는 차양 역할을 합니다. 겨울철에는 태양의 고도가 낮기 때문에 햇빛이 깊숙하게 들어와 집안을 따듯하게 만들어 줍니다. 반면 여름철에는 태양의 고도가 높아서 햇빛이 깊숙이 들어오지 못하고 오히려 차양에 가로막혀 시원해지는 것입니다. 오랜 경험에 의해 패시브 주택의 원리를 파악한 것이라 할 수 있습니다. 그런데 현대의 글라스 커튼월 건물은 외부 차양이 없어 여름에는 그야말로 찜통이 됩니다. 차양을 설치하면 한결 낫겠지만 매끈하고 세련된 이미지를 살려야 한다는 생각 때문에 대부분은 설치하지 않습니다.

이처럼 패시브 주택의 핵심은 단열, 열교 차단, 열 회수형 환기장치와 외부 차양 설치 등인데, 문제는 이 모든 설비를 갖추자면 건축비가 많이 든다는 것입니다. 일반적으로 20퍼센트 정도의 추가 건설비가 들어서 패시브 주택 건설에 걸림돌이 되고 있습니다. 패시브 주택은 본래 독일과 영국 같은 유럽 국가에서 처음 나왔기 때문에 건축 자재나 시공 방법 등이 대개 수입산이 많습니다. 이 때문에 건축비가 높아지는 문제가 있습니다. 하지만 우리나라도 패시브 주택을 많이 짓기 시작하면 자재의 국산화와 시공 방법이 개선되어 추가 건설 비용도 저렴해질 것입니다. 실제로 유럽에서는 패시브 하우스의 추가 공사비가 5~10퍼센트 정도로 저렴한 편입니다.

이처럼 패시브 주택이란 수동적인 방법을 통해 냉난방 에너지를 절감하는 주택입니다. 그렇다면 수동적인 절약 방법 외에 보다 능동적으로 에너지를 생산하는 주택은 없을까요?

에너지를 생산하는 집을 '능동적인 집' 혹은 '적극적인 집'이라는 뜻으로 액티브 하우스(Active House)라고 합니다. 액티브 하우스에서 에너지를 생산하는 대표적인 방법이 태양열을 이용하는 것이고, 그 외에 풍력 에너지, 지열 에너지 등도 이용합니다. 어디에나 골고루 비치는 태양열을 이용하는 것은 가장 손쉬운 방법이어서 요즘 아파트의 발코니나 건물 옥상, 단독주택의 지붕에도 태양광 패널을 설치한 것을 쉽게 볼 수 있습니다. 물론 태양열 에너지는 밤에는 에너지를 얻을 수 없고 또 건물 옥상이나 발코니에 설치할 수 있는 패널의 양도 한정되어 있기 때문에 많은 에너지를 얻을 수 있는 것은 아닙니다. 그렇지만 에너지를 적게 사용하는 패시브 주택에 자체로 에너지를 생산하는 액티브 기능까지 갖춘다면 사용 에너지와 생산 에너지의 양이 거의 같아져 실질적 에너지 사용량이 0이 되는 제로 에너지 건물도 가능하게 됩니다. 그렇다면 이런 제로 에너지 건물의 구체적 사례로는 어떤 것이 있을까요?

제로 에너지 우체국과 플러스 에너지 주택

2010년 성남시 판교의 삼평동에 지어진 2층 규모의 삼평동 우체국 건물은 국내 최초로 지어진 제로 에너지 건축물입니다. 건물 외벽은 일반 건물과 비교해 2.5배 두꺼운 외단열 공법을 채택했고 창호는 아르곤 가스를 주입한 3중 유리를 사용하였습니다. 건물의 남쪽과 서쪽 창문에는 외부 차양인 전동 블라인드를 설치해 여름철 태양빛을 80퍼센트 정도 줄였습니다. 그리고 남향의 건물 정면과 옥상에는 태양열 패널을 설치했습니다. 현재 1층은 우체국으로 사용하고, 2층은 여기에 적용된 기술을 소개하고 홍보용 동영상을 보여 주는 홍보관으로 사용하고 있습니다.

2017년 서울시 노원구 하계동에는 121세대의 '노원 에너지 제로 주택' 단지가 지어졌습니다. 신혼 부부 100세대, 고령자 12세대를 비롯한 121채의 임대 아파트 단지로서 에너지 제로 주택이라는 의미로 '이지하우스(EZ House)'라고도 불립니다. 외부에 단열재를 설치한 외단열 공법에 3중 유리창, 여름철 햇빛을 차단하기 위한 외부 블라인드, 열교 차단기와 열 회수 환기 장치를 설치하여 패시브 하우스의 요건을 갖추었습니다. 아울러 주택 단지 지하에는 48개의 지열 파이프가 설치되어 있어 지열 에너지를 이용하고 태

서울시 노원구 하계동에 위치한 아파트로 '사용 에너지 제로'를 표방하고 있다. 건물 곳곳에 많은 태양광 패널이 붙어 있다.

양열 에너지도 이용합니다. 주택의 외관에 많은 태양광 패널이 붙어 있는 이유가 이 때문인데 건물의 지붕은 물론 북쪽을 제외한 3개 면에 모두 1284개의 태양광 패널이 설치되어 있습니다. 패시브 주택이라 해도 지열 에너지 펌프와 열 회수 환기 장치를 가동하기 위한 에너지가 필요한데, 바로 이 에너지를 태양광 패널에서 얻고 있습니다. 태양광 패널이 많이 설치되어 있다 보니 생산하는 에너지의 양도 많습니다. 만약 사용하는 에너지보다 더 많은 에너지를 얻게 되면 이를 한국전력공사에 되팔 수도 있어서 제로 에너지 주택을 너머 플러스 에너지 주택이 되기도 합니다.

한편 패시브 하우스가 더 일찍 발달했던 유럽에서는 건물 한 채 정도가 아닌 마을 단위의 제로 에너지 마을이 있습니다. 영국 런던의 베드퍼드 지역에 지어진 베드제드(BedZED) 주거 단지입니다. 본래는 하수처리장이 있던 곳이었는데, 재개발을 하면서 마을을 제로 에너지로 개발했습니다.

마을에는 타운하우스 82세대를 비롯하여 상점과 헬스센터, 유치원, 유기농 카페, 사무실, 복지회관, 어린이집이 갖추어져 있는데, 타운하우스의 지붕 위에 설치된 독특한 모양의 열 회수 환기 장치가 가장 먼저 눈에 띕니다. 외부의 신선한 공기를 빨아들인 다음 지하에 설치된 열 회수 기계에서 이를 따뜻하게 만들어 각 집에 제공하는 장치입니다. 전 세대는 정남향으로 배치되어 있고 3층 지붕에는 태양광 패널을 부착하여 필요한 전기를 자체 생산하고 있습니다. 이 전기는 각 가정에서 사용하는 것 외에 전기자동차, 전기 스쿠터 충전에도 사용합니다. 석유를 사용하는 자동차는 대표적인 탄소 배출원이어서 자동차 사용도 되도록 줄여야 합니다. 베드제드 마을에서는 가정에서 개별로 차를 소유하는 대신 하이브리드 자동차 40대를 장만하여 공동으로 사용하는 공용 차량

제도를 실시하고 있고 또 카풀 제도가 활성화되어 있습니다.

아울러 마을 전체에 필요한 에너지를 얻기 위해 열병합 발전소가 설치되어 있는데, 연료는 석탄이나 석유 같은 화석 연료가 아닌, 펠릿을 사용합니다. 폐목재를 모아 주사위 크기의 칩으로 만든 것으로, 탄소를 배출하지 않는 친환경 연료입니다. 이 외에 빗물을 저장해 정수하여 사용하며 주택과 사무실에서 한번 사용한 생활 하수도 정수하여 재사용하고 있습니다.

베드제드 주거 단지는 건설 단계에서부터 재활용품이 많이 사용되었습니다. 재생 목재는 물론 철강의 90퍼센트 정도는 인근의 브링톤 철로에서 나온 것을 재활용했습니다. 또 유럽의 주택들은 바닥에 카펫을 깔아야 하는데, 이것 역시 버려진 의류를 재활용하여 만들었습니다. 그 외에 지붕에는 옥상 텃밭을 만들어서 신선한 채소와 과일을 직접 재배하여 먹을 수 있습니다. 이처럼 베드제드 주거 단지는 패시브 하우스가 개별 건물을 너머 마을 단위로 확대된 것이라 할 수 있습니다.

07.

왜 시내 주차장을 없애는 걸까?
_ 15분 도시와 환경 수도 프라이부르크

7. 왜 시내 주차장을 없애는 걸까?
_15분 도시와 환경 수도 프라이부르크

1896년 6월 미국, 선박회사에 다니던 엔진기술자 헨리 포드가 자신의 집 뒷마당에서 포드 쿼드리사이클(Ford Quadricycle)을 만들어 냅니다. 마차의 차체에 말 대신 선박 엔진을 붙여 만든 탈것이었는데, 이것이 바로 포드 자동차의 시작이었습니다. 헨리 포드는 자동차를 처음 발명해 냈다기보다는 조립 라인을 통해 대량 생산을 가능하게 한 사람입니다.

자동차의 도시

1903년 헨리 포드는 자동차 회사를 설립한 후 1908년 '모델 T'라는 자동차 11대를 생산합니다. 1922년에는 연간 100만 대가 생산되더니 점차 미국에서 자동차가 대량 생산되기 시작했습니다. 그전까지 자동차는 일일이 손으로 만들었기 때문에 몹시 비쌌고 부자가 아니면 살 수가 없었습니다. 하지만 헨리 포드는 분업에 기초한 조립 라인을 만들었고 이러한 혁신을 바탕으로 대량 생산을

할 수 있었습니다.

1928년 포드는 미시간주의 디트로이트에 세계 최대의 자동차 공장을 세웠고 1930년대부터는 이 공장에서 하루에 1만 대씩 자동차가 생산되기 시작했습니다. 이렇게 많은 자동차가 쏟아져 나오자 이제는 자동차를 파는 것이 문제가 되었습니다. 자동차는 비싸서 부자들만 살 수 있었는데 부자의 수는 한정되어 있습니다. 이에 포드는 발상의 전환을 했습니다. 포드 자동차 회사에서 일하는 노동자들에게 많은 봉급을 주어서 노동자도 자신이 생산한 자동차를 구매할 수 있게 만든 것입니다. 이렇게 되면서 1930~1940년대에 자동차는 노동자들에게까지 빠르게 확산되었습니다.

한편 1940년대는 제2차 세계 대전이 발발했는데, 이때 미국에서도 군인을 대거 파견하였습니다. 그 여파로 1940년대 말 수많은 참전 용사가 발생했습니다. 나라를 위해 전쟁에 나가 싸우고 돌아왔으니 국가는 이들에게 무언가 보상을 해 주어야 했습니다. 그들에게 당장 필요한 것은 집과 안정된 일자리였습니다. 더구나 제2차 세계 대전 후 세계는 미국을 중심으로 하는 서유럽의 자유 진영과, 소련을 중심으로 하는 동유럽의 공산 진영으로 나뉘어 냉전 대결을 벌이고 있었습니다. 어느 체제가 더 우월한지를 보여 주기 위해서라도 물질적 풍요는 중요했고, 그중에서도 가장 중요한 것이 바로 집이었습니다.

미국에서 중산층 가정을 상징하는 것은 마당이 딸린 널찍한 2층 단독주택이었습니다. 도시에서는 더 이상 넓은 땅을 마련하기가 어려워 교외에 새로운 주거지가 개발되었습니다. 그런데 공장과 사무실은 도심에 있고 집은 교외에 있으니 출퇴근을 위해서 각 가정마다 자동차가 한 대씩은 있어야 했습니다. 이것이 바로 '풍요의 시대'라 알려진 1950~1960년대 미국의 모습입니다.

미국식 교외 주택은 마당을 끼고 단독주택으로 지어지기 때문에 단위 면적당 인구 밀도가 매우 낮습니다. 그래서 대중교통이 잘 발달하지 못해 집집마다 자동차를 한두 대씩 갖추어 놓고 있습니다. 슈퍼마켓에 가려면 30분 동안 차를 몰고 가야 했고 자녀를 학교에 데려다주기 위해서라도 차를 몰아야 했습니다. 자동차가 없으면 아무것도 할 수 없는 미국식 교외 모델은 이런 배경에서 탄생했습니다. 그러면서 미국은 세계에서 가장 많은 차량을 사용하는 국가가 되었고 그와 더불어 석유 사용량과 이산화탄소 배출량도 늘었습니다.

이러한 미국식 모델은 약간의 시차를 두고 우리나라에도 상륙

미국에서 중산층의 상징은 마당이 딸린 2층 단독주택이다. 인구 밀도가 낮아 대중교통이 발달하지 못하고 자동차에 의존하게 된다.

했습니다. 1960~1970년대부터 서울을 비롯한 대도시의 인구가 꾸준히 늘어나면서 주택 부족과 집값 폭등이 큰 문제가 되었습니다. 이를 해결하기 위해 정부는 1990년대부터 수도권에 대규모 신도시를 건설하기 시작했습니다. 분당, 일산, 평촌, 중동, 산본과 같은 1기 신도시를 비롯하여 요즘은 양주, 운정, 용인, 동탄 등 많은 신도시가 있는데 이들의 공통점은 서울과 상당한 거리에 떨어져 있다는 것입니다.

서울은 이제 포화 상태가 되어 더 이상 아파트 단지를 지을 만

한 땅이 없으니, 땅값이 좀 더 싼 외곽에 신도시를 마련할 수밖에 없었습니다. 문제는 논밭이나 다름없던 벌판에 신도시를 건설하고 보니 우선 급한 대로 아파트 단지와 학교, 상가는 지었지만, 거주민 대부분의 직장은 대개 서울에 있습니다. 그러다 보니 신도시 직장인들은 출퇴근에 하루 2~3시간을 쓰고 있습니다. 이는 개인적으로도 힘든 일이지만 이렇게 먼 거리를 오가는 데 많은 교통량을 유발하고 이는 결국 석유의 사용 증가와 이산화탄소 배출로 이어집니다.

이제 집집마다 승용차가 없는 생활은 상상하기가 힘들게 되었습니다. 그렇다면 이렇게 자동차 의존적인 도시를 새롭게 혁신하는 방법은 없을까요? 주택이나 건물을 패시브 하우스로 짓는 것을 넘어 도시 전체에서 자동차 의존도를 낮추기 위해서는 좀 더 거시적인 차원의 접근이 필요합니다.

걸어서 다닐 수 있는 15분 도시

일반적으로 사람이 지치지 않고 편안하게 걸을 수 있는 시간은 대략 15분 정도입니다. 그렇다면 집을 기준으로 걸어서 15분 거리 안에 직장, 학교, 병원, 마트, 공원, 은행 및 상점 등 우리 생활에 필요한 모든 것이 갖추어져 있다면 굳이 차를 타고 이동할 필요가 없을 것입니다. 이처럼 생활에 필요한 모든 것이 걸어서 15분 거리에 갖추어진 도시를 '15분 도시'라고 하는데, 2016년 파리 소르본 대학의 카를로스 모레노 교수가 처음 제안했습니다.

15분 도시는 엄밀히 말하면 현대에 새로 생긴 개념이라기보다 자동차나 전차가 발명되기 전의 도시들이 대개 그러했습니다. 도시의 규모는 크지 않았고 모든 것은 대체로 걸어서 다닐 만한 거리에 있었습니다. 하지만 20세기에 들어 점차 도시의 규모가 커졌고 그러면서 자동차 의존도가 높아졌습니다. 이러한 현대 도시의 문제를 극복하자는 취지에서 카를로스 모레노 교수는 15분 도시를 제안한 것이고, 이에 파리 시장 안 이달고는 이 제안을 적극 받아들여 실행에 옮기기로 했습니다.

2016년 파리시는 센강을 따라 뻗어 있는 도로에 보행자 전용 도로를 만들었습니다. 샹젤리제를 비롯한 주요 거리를 포함해 파리 시내에 1000킬로미터의 자전거 도로를 완공하는 대규모 공사도 진행했습니다. 이렇게 되자 파리 시내 대부분은 자전거 도로로 연결되었습니다.

또한 서울의 사대문 안과 같은 파리 1~4구에서 자동차 운행을

자전거가 활성화되면 시내에서 가까운 거리는 굳이 자동차를 타지 않고 이동할 수 있다.

금지하는 '차 없는 거리'도 추진 중에 있고, 시내 곳곳에서 승용차 주차장을 없애는 추세입니다. 사람들이 가까운 거리라도 걷기 대신 승용차를 타는 이유는 도로와 주차장이 완비되어 있어 어디를 가나 승용차로 이동하는 것이 쉽고 편안하기 때문입니다. 반대로 도로와 주차장이 부족하여 승용차 운행이 불편하다면 걷기나 자전거, 대중교통을 이용할 것입니다. 바로 이러한 발상에 기반한 것으로 승용차 이용을 되도록 불편하게 만드는 것입니다. 이러한 추세는 점차 세계적으로 확산 중입니다.

미국 오리건주의 포틀랜드, 스페인의 마드리드가 15분 도시의 모델을 받아들이기 시작했고, 우리나라에서는 부산이 15분 도시를 표방하고 나섰습니다. 비단 15분 도시만이 아니라 사람들이 승용차를 되도록 덜 타게 하려면 대중교통이 편리하게 마련되어 있어야 합니다. 대표적인 예가 독일의 환경 수도 프라이부르크입니다.

독일의 환경 수도 프라이부르크

프라이부르크는 독일 남서부 흑림지대와 라인강가에 위치한 인구 22만 명의 작은 도시입니다. 흑림은 일명 검은 숲이라고도 하는데, 수림이 아주 깊고 울창하여 나무 아래는 햇빛이 들지 않아 낮에도 어두울 지경입니다. 1971년 독일 정부는 이런 프라이부르크 인근에 원자력 발전소 건립 계획을 세웠습니다. 그러자 주변 농가에서 반대 시위를 격렬하게 벌였고 결국 무산되었습니다. 무엇보다 1986년에는 구소련의 체르노빌 원자력 발전소 폭발 사고도 일어납니다. 이를 계기로 환경 문제에 대한 인식이 커졌고, 프라이부르크시에서는 대대적인 환경 개선 작업을 벌였습니다. 이미 1972년부터 프라이부르크시는 자동차 억제 정책을 펼치기 시작했습니다. 1970년대는 유럽과 미국에서 고속도로를 건설하는

독일의 환경 수도 프라이부르크. 본래 중세시대부터 발달한 도시로 한때 인근에 원자력 발전소가 들어설 위기도 있었지만, 현재 환경 수도로 거듭났다. 거리에는 자동차보다 자전거가 훨씬 눈에 많이 띈다.

등 자동차 문화가 확산되던 시기였는데, 프라이부르크시는 오히려 억제 정책을 펼친 것입니다.

우선 프라이부르크 중앙역 인근의 도심부에서 차량 통행을 전면 제한하였습니다. 현재 프라이부르크 시내에서는 구급차, 화물차, 버스, 택시를 제외한 개인 승용차는 거의 찾아볼 수 없습니다. 대신 시내 교통은 노면전차라 할 수 있는 트램이 담당하고 있습니다. 1984년에는 독일 최초로 시내의 트램과 버스를 이용할 수 있는 교통카드 시스템을 도입했습니다. 레기오 카르테라고 불리는 카드 한 장으로 전철, 트램, 버스를 자유롭게 이용할 수 있는 시스템입니다. 이는 월 4만 원 정도의 교통비를 내고 자유롭게 이용할 수 있는 일종의 정액권입니다. 요즘 서울과 대도시에서 버스와 전철을 자유롭게 이용할 수 있는 교통카드와 최근 등장한 기후동행카드의 시초가 바로 레기오 카르테라고 할 수 있습니다. 현재 프라이부르크에는 5개의 트램 노선과 22개의 버스 노선이 연간 6700만 명을 수송하고 있습니다.

시내에는 410킬로미터에 이르는 자전거 도로를 설치하였고 특히 중앙역 인근에는 '모빌레(Mobile)'라는 대규모 자전거 주륜장을 마련하여 자전거의 대여 및 수리를 담당하고 있습니다. 인구 22만 명의 프라이부르크시에는 25만 대 이상의 자전거가 갖추어져 있습니다. 이 정도라면 시민 누구나 자전거 한 대씩은 가지고 있는 것은 물론, 관광객이나 방문객도 자전거를 빌려 이용할 수 있는 수량입니다.

승용차 함께 타기 운동도 활발히 벌이고 있습니다. 이러한 종합적인 노력으로 프라이부르크는 1992년 독일의 환경 수도로 선

교통 환경이 편해질수록 많은 사람들이 차량을 몰고 시내로 진입하기 때문에 교통 체증이 더 심해진다.

정되었고 이후 세계 여러 도시에서 본받고 있습니다. 지금은 대중화된 버스와 지하철의 환승 시스템, 시내 곳곳에 마련된 대여 자전거 등은 1970~1980년대 프라이부르크에서 시작된 것입니다.

서울을 비롯한 대도시에서 승용차를 타고 이동하기가 불편하다는 이야기가 자주 나옵니다. 차량 정체가 심하여 속도도 느릴뿐더러 주차 공간이 부족하여 차를 주차하기가 여간 어렵지 않습니다. 그래서 서울시 교통 행정이 잘못된 것이 아니냐는 말이 나오기도 하지만, 여기에는 역설이 존재합니다.

교통 체증을 해소하기 위해 도로를 더 만들고 주차장을 확보할수록, 다시 말해 교통 환경이 편해질수록 더 많은 사람들이 차량을 몰고 시내로 진입하기 때문에 교통 체증은 더 심해집니다. 반대로 자동차 도로와 주차 공간을 의도적으로 축소시켜 교통 환경이 불편해지면 사람들은 승용차 대신 대중교통을 이용하기 때문에 오히려 교통 체증이 덜해집니다. 15분 도시나 프라이부르크의 공통점은 이렇게 의도적으로 승용차 이용을 불편하게 만든 사례입니다.

08.
옥상에 정원과 텃밭이 왜 필요할까?
_ 옥상정원과 수직 정원

8. 옥상에 정원과 텃밭이 왜 필요할까? _옥상정원과 수직 정원

한여름 도심 한복판에서 숨이 턱턱 막히는 경험을 누구나 해 보았을 것입니다. 시골보다는 도시가 더 덥고 인구 밀도가 낮은 소도시보다 밀도가 높은 대도시가 더 덥다는 것은 일찍이 밝혀진 바 있습니다. 이를 도심 열섬 현상이라 하는데, 등온선을 그려 보면 도심부의 온도가 높게 나타나 마치 섬처럼 보이기 때문입니다.

도심 열섬 현상의 원인

도심 열섬 현상은 도시에서 주변부보다 중심부의 기온이 높은 것을 말하는 것으로, 1820년 영국 런던에서 기상학자 루크 하워드가 처음으로 그 존재를 밝혀냈습니다. 이 시기에는 산업혁명으로 런던에 공장이 많이 생기면서 석탄 사용량이 증가했습니다. 그로 인해 런던 도심의 연평균 기온이 주변보다 1.4도 정도 높았다고 합니다. 런던뿐 아니라 현재 전 세계 대도시의 평균 기온은 도시 외곽보다 0.6~1.8도 정도 높습니다. 이로 인해 여름에는 몹시 무덥고, 특히 밤이 되어도 기온이 내려가지 않는 열대야 현상도 나타납니다.

도심에는 고층 건물이 많은데, 콘크리트의 특성상 비열이 높아서 한번 데워지면 식는 데 오랜 시간이 걸립니다. 여름 한낮에 태양 에너지를 받아 뜨거워진 건물이 밤이 되어도 식지 않고 그 열기를 거리로 내뿜는데 이것이 도심 열섬 현상과 열대야를 일으키는 원인이 됩니다. 또한 도심의 도로를 포장하고 있는 검은색 아스팔트는 태양열을 그대로 흡수해 몹시 뜨겁고 그 위를 달리는 차량도 뜨거운 엔진 열기와 배기가스를 방출합니다.

요즘 도심에는 외부가 온통 유리로 마감된 글라스 커튼월 건물이 많은데 이러한 유리는 거울처럼 햇빛을 반사하여 외부 기온을 높입니다. 그리고 사무실마다 에어컨이 설치되어 있어, 에어컨 실외기의 더운 바람이 그대로 외부로 뿜어져 나옵니다. 아울러 도심의 배수는 지하 배수관, 배수로, 하수관 등을 이용하기 때문에 물이 증발할 기회가 적습니다. 더운 여름날 마당에 물을 뿌리면 시원해지는 효과를 볼 수 있습니다. 물이 증발하면서 열을 흡수하기 때문인데, 도심에서는 이런 기회가 없어 더욱 더워집니다.

따라서 도심 열섬 현상을 낮추기 위해서는 분수를 비롯한 수

청계전. 도심에 마련된 개천과 수변 공간은 도심 열섬 현상을 방지하는 역할을 한다. 청계천은 복개되었다가 다시 복원되었다.

변 공간을 확대하고 도심 하천을 되살려야 합니다. 대표적인 것이 청계천입니다. 조선시대 한양의 사대문 안을 흐르는 맑은 개천이던 청계천은 일제강점기 때부터 복개를 시작하여 1960~1970년대 완전히 복개가 되었습니다. 개천을 덮어 버리고 그 위에 아스팔트 도로를 조성한 것입니다. 도심 교통을 원활하게 한다는 명목이었지만 하천이 아스팔트로 덮이면서 도심 열섬 현상도 일어났습니다.

2004년 8월부터 2005년 9월까지의 조사에 의하면 청계천 지역이 서울 평균보다 2.2도 높은 것으로 밝혀졌습니다. 하지만 2005년 10월 검정색 아스팔트를 모두 걷어 내고 청계천은 다시 제 모습을 되찾았습니다. 경복궁에서 발원한 물줄기가 도심 한복판을 가로질러 한강으로 흘러가게 되었고 그 후 청계천변의 평균 기온은 0.9~1.3도 낮아진 것으로 조사되었습니다. 이처럼 수변 공간은 도심 열섬 현상을 낮추는 데 효과가 있기 때문에 개천 복원뿐 아니라 도심에 분수도 많이 설치하고 있습니다.

그 외에 도심 공원이나 도시 숲을 조성하는 것도 열섬 현상을 낮춥니다. 도심 공원을 가장 먼저 조성한 것도 영국 런던이었습니다. 1808년 6월 30일 영국의 정치가 윌리엄 윈드햄이 하원에서 "공원은 런던의 허파입니다."라는 말을 한 이래, 런던 곳곳에 녹지 공원이 조성됩니다. 1839년 더비 수목원, 1845년에는 빅토리아 파크가 개장했습니다. 공업 도시 맨체스터에는 필립스파크(1846년), 리버풀에는 스탠리 파크(1870년)가 개장했습니다. 한편 미국 뉴욕에 센트럴 파크가 조성된 것은 1857~1873년이었습니다.

이처럼 이미 19세기에 도심 공원이 생겨났지만, 우리나라는 대도시를 기준으로 아직도 도심 공원이 부족한 편입니다. 세계식량농업기구(FAO)에 의하면 1인당 도심 공원의 권장 기준 면적은 9제

뉴욕의 센트럴 파크. 넓은 면적의 도시 숲이 조성되어 있다. 나무는 이산화탄소를 흡수하는 역할을 한다.

곱미터입니다. 파리는 10.35제곱미터, 뉴욕은 10.27제곱미터로 이 기준을 충족하지만, 우리나라는 서울이 5제곱미터, 부산이 1.86제곱미터로 많이 모자랍니다. 따라서 대도시에 도심 공원을 마련해야 하는데, 이미 건물이 가득 들어찬 도심에서 땅을 마련하기가 쉽지 않습니다. 도심 공원이 기온을 낮추는 데 효과를 보려면 최소 600제곱미터의 면적이 필요한데, 이만한 면적의 땅을 구하기도 어려울 때가 많습니다. 도심에 빌딩이 너무 많아서 문제라면 오히려 이를 이용해 볼 수는 없을까요? 바로 빌딩 옥상에 정원을 만드는 것입니다.

옥상정원

요즘은 큰 건물의 옥상에 조그만 정원이 있는 것을 어렵지 않게 볼 수 있습니다. 사실 옥상정원의 역사는 생각보다 오래되었습니다. 혹시 '바빌론의 공중정원'에 대해 들어 본 적이 있나요? 세계 7대 불가사의 중에 하나로 꼽히는 바빌론의 공중정원이 바로 고대 바빌로니아의 옥상정원입니다.

흔히 세계 4대 문명이라 하면 메소포타미아, 이집트, 인더스, 황허 문명을 말합니다. 바빌로니아는 이 중에서 메소포타미아 문명이 발현했던 곳으로 지금의 이란, 이라크 지역에 해당합니다. 이 시기 사람들이 지었던 가장 큰 건축물은 지구라트라고 불리는 거대한 신전이었습니다. 이집트에 피라미드가 있었다면 메소포타미아에는 지구라트가 있었는데, 피라미드의 끝부분이 뾰족한 반면 지구라트는 사다리꼴처럼 생겨서 상부가 평평했습니다. 이 평평한 옥상을 정원으로 꾸며 꽃나무를 심고 가꾼 것이 바빌론의 공중정원입니다. 공중정원이라고 해서 허공 위에 떠 있는 정원은 아닙니다. 옥상 위에 마련된 정원이었습니다. 물레방아를 이용해 옥상까

서울도서관 옥상정원. 일제강점기에 지어진 서울시청 구건물을 도서관으로 리모델링하면서 옥상정원을 마련했다.

지 물을 끌어 올려 꽃나무를 키웠으므로 당시로서는 굉장한 기술이었습니다. 사막 한가운데 높다란 신전 건물이 있고 그 위에 푸른 정원이 있었으니 천상으로 보였을 것입니다. 이로 인해 이 정원은 7대 불가사의 중 하나로 거론됩니다.

이처럼 옥상 위에 정원을 조성하는 것은 꾸준히 명맥을 이어오다가 1920년대 근대건축에서 다시 한 번 주목을 받았습니다. 근대건축의 아버지라 불리는 프랑스의 건축가 르 코르뷔제는 1923년 근대건축의 5가지 원칙을 제안하는데, 그중의 하나가 옥상정원이었습니다. 제1차 세계 대전이 끝난 1920년대 유럽은 근대사회로 돌입하면서 건축 역시 근대건축이 시작됩니다. 건축가들은 고층 건물을 제안하기 시작했는데, 이렇게 되자 녹지 공간이 부족해지는 문제가 생겼고 이에 대한 대책으로 옥상정원을 제안한 것입니다.

옥상정원은 건물 옥상의 전부나 일부 구역을 방수 처리하여 표토를 깐 뒤 나무와 꽃을 심어 녹지공원으로 조성한 것입니다. 이는 기온 저감 효과가 커서 도심 열섬 현상을 방지하고 건물 내부도 시원해집니다. 여름철 외부 온도가 30도를 넘으면 콘크리트의 표면 온도는 50도 가까이 상승하고 콘크리트 건물 안 온도도 40도까지 오릅니다. 한여름에 옥탑방이 몹시 더운 이유가 이 때문인데, 표토를 깔고 나무를 심으면 옥상 표면의 온도가 많이 내려가는 효과를 볼 수 있습니다. 아울러 옥상에 심어진 나무가 이산화탄소를 흡수하므로 온실가스 저감에도 효과가 있고, 표토가 물을 일정 정도 흡수하기 때문에 여름철 폭우가 쏟아졌을 때에도 빗물이 하수도로 그대로 내려가는 것을 방지해 침수 피해를 줄여 줍니다. 건물 사용자에게 휴식 공간을 제공해 주기도 합니다.

옥상정원이 이처럼 이점이 매우 많은데도 아직 널리 보급되지 않는 것은 왜일까요? 역시 비용 때문입니다. 옥상 위에 표토를 얇게 깔면 나무는 심지 못하고 잔디나 1년생 꽃 정도만 심을 수 있습니다. 반대로 표토를 두껍게 깔면 큰 나무를 심을 수 있어서 그늘을 제공하고 기온을 낮추는 효과가 큽니다. 따라서 표토를 두껍게 까는 것이 중요한데, 그러자면 옥상 위에 많은 무게가 실리기 때문에 이에 대한 설계를 별도로 해야 하고 시공 과정에서 공사비도 많이 듭니다. 그래서 꺼리는 경우가 많고 또 예전에 지어진 건물들은 옥상정원을 설치할 생각을 하지 않고 지은 것이 대부분입니다. 이런 건물에 뒤늦게 표토를 조성하고 나무를 심으면 갑자기 옥상에 큰 무게가 실리게 되어 구조적으로 무리가 갈 수 있습니다. 따라서 처음부터 옥상정원을 염두에 두고 설계를 하는 것이 중요합니다. 한편 이렇게 옥상만이 아니라 건물 층층이 정원을 조성할 수도 있습니다.

수직 정원과 도시 농업

2014년 이탈리아의 밀라노에 '수직 숲'이라는 뜻을 가진 보스코 베르티칼레라는 건물이 완공되었습니다. 19층과 27층의 아파트 건물 두 동이었는데, 각 층의 테라스마다 나무가 가득 심어져 있었습니다. 총면적 626제곱미터의 테라스에는 800그루의 나무,

5000그루의 관목, 1만 5000그루의 덩이식물과 다년생 식물이 심어져 있습니다. 이 나무들을 모두 평지에 심었다면 2만 234제곱미터의 면적이 필요했을 것인데, 도시에서 이 정도의 땅을 구하기가 쉽지 않습니다.

건물의 테라스에 심는 나무이다 보니 수종 선택이 중요했고, 30년 동안 생태학자들이 연구한 끝에 적합한 나무를 특별히 선별했습니다. 고층의 아파트에 살면 마당을 가질 수 없는 것이 가장 불편하지만, 테라스를 이용해 나무를 심음으로써 각 세대마다 마당이 생겼습니다. 뿐만 아니라 테라스 나무에 둥지를 트는 새까지 생겨 조용한 날이면 새들이 지저귀는 소리가 들리기도 합니다.

보스코 베르티칼레를 설계한 건축가는 스테파노 보에리였고, 전 세계에 수직 숲 캠페인을 펼치고 있습니다. 우리나라에도 그가 설계한 건물이 있는데 서울시 강남구 청담동에 지어지는 아파트 건물입니다. 아파트와 오피스텔을 포함한 지상 20층의 주상복합 건물로 2027년 완공 예정입니다. 전체적으로 밀라노에 지어진 보스코 베르티칼레와 비슷합니다. 이를 계기로 우리나라에도 옥상 정원뿐 아니라 수직 숲 건물이 많아지기를 기대해 봅니다.

이와 같이 옥상과 테라스를 이용해 정원과 숲을 꾸밀 수 있다

이탈리아 밀라노에 지어진 보스코 베르티칼레는 '수직 숲'이라는 뜻이다. 건물의 테라스마다 나무를 심었다.

면, 한 걸음 더 나아가 도심의 빌딩에서 농사를 짓는 도심 농업도 생각해 볼 수 있습니다. 2010년 뉴욕 퀸즈에 있는 스탠더드 모터 프로덕트 건물 옥상에 1만 117제곱미터 넓이의 채소 농장이 문을 열었습니다. 뉴욕의 젊은 농부 집단인 브루클린 그레인지가 주축이 되어 만든 농장이었습니다. 예전 뉴욕의 퀸즈 부근은 공장이 밀집한 공업지대였지만, 1980년대부터 산업단지가 외곽으로 이동하면서 버려진 빈 공장들이 많아졌습니다. 이러한 빈 공장이나 건물을 이용해 농사를 짓자는 아이디어를 낸 것입니다.

브루클린 그레인지는 농사를 짓는 것은 물론 매주 장터를 열어 갓 수확한 신선한 채소를 직접 판매하고 도시 농업 교육센터를 갖추어 교육 프로그램도 운영하고 있습니다. 2012년에는 브루클린 해군 공창 건물 옥상에 6038제곱미터에 이르는 두 번째 농장을 열었고 2019년에는 선셋 파크 구역에 있는 해안가 건물 옥상에 세 번째 농장도 열었습니다. 세 곳 모두 오래된 공업 지역에 있던 공장과 사무실 건물 옥상이라는 공통점이 있습니다.

일년생 채소는 얇은 표토에서도 잘 자라기 때문에 따로 무게 계산을 하지 않고도 건물 옥상에 텃밭을 만들 수 있습니다. 과일과 달리 채소는 오래 저장하는 것이 어려워 제때에 갓 수확한 것을 먹어야 합니다. 그래서 도시 가까운 곳에서 길러야 하는데 도심의 빈 공장이나 사무실을 이용한다면 금상첨화입니다. 도시민은 신선한 채소를 먹어서 좋고 무엇보다 이동거리가 짧아져 탄소 배출도 줄어들기 때문입니다.

최근에는 옥상을 이용한 도시 농업 외에 수직 농법도 주목받고 있습니다. 창고, 사무실 등의 건물 안에서 선반을 수직으로 쌓아 올려 채소를 재배하는 방식인데, 인공조명을 통한 수경 재배를 합니다. 대형 마트에서 이 방식을 채용해 채소를 기르고 판매하기도 합니다.

요즘 서울을 비롯한 대도시에 오래된 공장과 빈 건물이 조금씩 증가하고 있습니다. 1970~1980년대만 해도 도시에 공단이 있었지만 1990년대부터 점차 외곽으로 밀려났기 때문입니다. 이런 빈 공장과 빌딩을 공실로 둘 것이 아니라 옥상 농업이나 수직 농법 등을 시행하는 장소로 활용해 볼 수 있습니다.

최근 출생률 감소에 따라 학령기의 어린이가 줄어들면서 도심에서도 문을 닫는 학교가 생기고 있는데, 폐교를 이용한 도시 농업도 생각해 볼 수 있습니다. 학교의 넓은 운동장은 도시 숲을 만들어 개방하고 빈 교실에서는 수직 농법으로 채소를 재배하는 것도 하나의 아이디어입니다. 뿐만 아니라 꿀벌이 점차 사라지고 있어 생태계에 위협이 되고 있는데, 학교 옥상을 이용해 도시 양봉을 할 수도 있을 것입니다. 벌을 키울 때 문제가 되는 것이 잉잉대는 소리와 벌 쏘임인데, 옥상에 양봉장을 차리고 정해진 사람만 드나든다면 이런 문제도 해결됩니다.

서울은 뉴욕이나 파리 등과 비교해 도시의 녹지 비율이 매우 낮습니다. 따라서 기존의 땅과 건물을 이용해야 하는데 옥상정원 꾸미기, 폐교를 이용한 도시 숲과 도시 농업, 도시 양봉 등은 하나의 좋은 아이디어가 될 수 있습니다.

09.

오존층이 되살아나고 있다

_ 대체 에너지와 저탄소 에코 마을의 성공

9. 오존층이 되살아나고 있다
_대체 에너지와 저탄소 에코 마을의 성공

지금으로부터 40여 년 전인 1985년, 영국의 남극연구회에서 남극 대기 중의 오존층이 절반가량 사라진 것을 발견했습니다. 지구 대기권을 둘러싸고 있어야 할 오존층에 구멍이 뚫린 것과 같다 하여 오존 홀이 생겼다는 뉴스가 크게 보도되었습니다. 남극에 오존 홀이 생긴 이유는 무엇이며, 그 후 어떻게 되었을까요?

프레온 가스의 퇴출

오존층은 지구 대기를 둘러싸고 있는 층입니다. 이것이 파괴되면 태양의 자외선이 그대로 들어와 지구 생태계에 해로운 영향을 끼치고 인간에게는 시력 손상을 가져오는 백내장과 피부암을 일으킵니다. 오존층이 파괴된 이유는 1960~1970년대부터 점차 사용이 증가한 염화불화탄소, 이른바 프레온 가스 때문이었습니다.

염화불화탄소는 1931년 미국의 화학자인 토머스 미즐리가 발명해 낸 화합물로서 주로 냉장고와 에어컨의 냉매, 에어로졸의 분

사제로 쓰이는 기체입니다. 1960~1970년대부터 에어컨과 냉장고의 사용이 증가하면서 널리 쓰이게 되었습니다. 이때 사용된 프레온 가스가 분해되지 않고 그대로 대기 중으로 올라가 100~200년 가까이 머물며 오존층을 파괴한다는 것이 1985년 밝혀졌습니다.

오존층 파괴 사실이 알려지자 세계는 바쁘게 움직였습니다. 1987년 〈오존층 파괴 물질에 대한 몬트리올 의정서〉를 채택했고 1992년 '코펜하겐 합의'를 도출했습니다. 주된 내용은 선진국은 1996년까지, 개발도상국은 2006년까지 프레온 가스 사용을 단계적으로 폐지한다는 거였습니다. 그리고 이 합의는 정말로 지켜졌습니다.

현재 염화불화탄소인 프레온 가스는 더 이상 사용되지 않고 대신 수소불화탄소로 대체되었습니다. 또한 수소불화탄소마저 2030년까지 사용을 점차 중단할 예정입니다. 물론 프레온 가스는 2080~2090년까지 성층권에 잔존할 것으로 예상되지만 점차 그 양이 줄어들고 있어서 2030년대부터 오존층은 서서히 두터워질 것입니다. 이처럼 우리에게는 전 지구인이 협력하여 프레온 가스의 사용을 중단한 훌륭한 사례가 있습니다.

지구 온실가스도 마찬가지입니다. 감축을 위해 세계의 모든 나라가 협력한다면 분명 대기 중의 이산화탄소는 줄어들고 지구의 평균 기온도 산업화 이전 대비 1.5도 이하로 낮아질 것입니다. 그러기 위해 가장 중요한 것은 이산화탄소를 많이 배출하는 탄소 연료(석유, 석탄)의 사용을 줄이고, 대신 탄소를 배출하지 않는 대체 에너지를 사용해야 합니다. 그렇다면 친환경 대체 에너지로는 어떤 것이 있을까요?

대체 에너지의 이용

친환경 가스 버스, 가스보일러 등 요즘은 석유 대신 천연가스를 많이 사용하고 있습니다. 천연가스에서 불이 붙는 것을 본 이래, 가스가 주요 에너지원이 될 수 있다는 것을 알아차리고 19세기 말 가스에 대한 누출 방지 밀봉 기술이 개발되었습니다. 그리고 1960년대 영하 161도에서 천연가스의 부피를 600분의 1로 줄여 액체 형태로 운송하는 액화가스 기술이 등장하면서 점차 사용이 증가했습니다.

그런데 천연가스도 화석 연료이기 때문에 석탄, 석유보다 적은 양이기는 해도 탄소를 배출합니다. 또한 석유처럼 천연가스도 그 매장지가 특정 지역에 한정되어 있습니다. 현재 러시아와 이란이

주요 매장지인데, 여기서 생산된 가스를 세계 각국의 사용지까지 운송하기 위해서는 저장, 압축, 운송, 유통 등 많은 단계를 거쳐야 합니다. 이 과정에서도 에너지가 소모되어 탄소가 배출됩니다.

흔히 대체 에너지로 전기를 생각하는데, 전기는 과연 무엇으로 만들어질까요? 석탄을 때는 화력 발전소에서 전기를 만들었다면 진정한 의미의 대체 에너지가 아닙니다. 석탄이나 석유가 아닌 다른 자원을 통해 전기를 생산해 내야 하는데, 대표적인 것으로는 태양열 에너지, 풍력 에너지, 밀물과 썰물을 이용한 조류 에너지 등이 있습니다. 그 외에 지열 에너지, 바이오 에너지, 수소연료 전지도 있습니다.

1) 태양열 에너지

1960년대 말 인류가 달에 우주선을 보낼 때 사용했던 에너지가 태양 전지판을 이용한 전기 에너지였습니다. 태양은 지구의 인류가 필요한 에너지보다 훨씬 더 많은 에너지를 방출하고 있지만, 아직 인류는 그 많은 태양 에너지를 제대로 활용하지 못하고 있을 뿐입니다.

현재 태양열 에너지를 이용하는 방법은 두 가지가 있습니다.

태양열 에너지. 햇빛은 지구상 어느 곳에나 골고루 비추는 훌륭한 에너지원이다. 태양으로부터 직접 전기를 생산하는 PV 패널이 붙어 있는 장치로 전기를 생산하고 있다.

하나는 온수를 만드는 태양열 집열기입니다. 태양 복사열이 집열기의 표면을 지나 가느다란 파이프 속의 물을 데우는 방식인데, 이 온수를 주방과 화장실에서 더운 물로 직접 사용하기도 하고 온수로 난방도 합니다. 또 하나는 태양광 전지로서 PV 패널을 이용해 직접 전기를 생산하는 방식입니다. 인류가 달에 우주선을 보낼 때 사용한 방식으로, PV 셀에는 햇빛을 받아 전기를 생산하는 물질이 들어 있습니다. 이것을 타일과 비슷한 크기로 만들어 지붕

위나 아파트 발코니에 설치하여 사용합니다. 현재 1제곱미터의 태양 전지판에서 100~200와트의 전력을 생산하고 있는데, 아직 효율이 낮은 편이어서 가정에서 보조적인 수단으로 사용하고 있습니다.

특정 지역에만 집중적으로 매장된 석유, 석탄, 천연가스와 달리, 태양은 전 세계 어느 곳에서나 고르게 비치므로 누구나 이용할 수 있는 자원입니다. 하지만 밤에는 작동하지 않는다는 단점이 있으므로, 낮에 생산된 전기를 보관하는 장치가 따로 필요합니다.

2) 풍력 에너지

네덜란드를 생각하면 풍차가 떠오르는데, 풍차는 일찍이 개발되었던 소규모 풍력 발전기였습니다. 수력 발전기였던 물레방아와 더불어 유럽에서는 풍차가 널리 사용되어서 1800년 무렵 영국에만 1만여 개의 풍차가 있을 정도였습니다. 그 이후 석탄을 사용하게 되면서 풍차와 물레방아가 퇴조했지만, 최근 풍차가 새로운 에너지원으로 다시 등장하고 있습니다. 물론 현대의 풍차는 예전의 모습과는 달라서, 50미터 길이의 거대한 날개가 3개 달려 있습니다.

풍력 에너지. 바람의 힘을 바탕으로 전기를 만든다.

우리나라도 제주도나 강원도 등지에서 더러 볼 수 있는데, 한 가지 단점은 바람이 불지 않을 때는 가동을 멈춘다는 것입니다. 그래서 일정한 풍속으로 바람이 잘 불어오는 곳에 설치해야 하는데, 최근에는 새로운 아이디어도 등장하고 있습니다. 바람이 많이 부는 고층 건물의 옥상에 풍력 발전용 터빈을 설치하는 것입니다.

2010년 영국 런던에 세워진 147미터의 초고층 건물 스트라타 빌딩 꼭대기에는 풍력 발전용 터빈 3개가 설치되어 있습니다. 터빈의 날개 길이는 9미터로서 아주 큰 편은 아니지만 3개의 터빈에서 생산되는 전기로 공용 부분의 조명과 난방 그리고 3대의 엘리베이터를 가동하는 데 필요한 전기를 얻고 있습니다. 현재 건물 옥상은 옥상정원을 만들고 태양열 전지판을 설치하는 것만 생각하고 있는데, 이처럼 풍력 발전용 터빈도 생각해 볼 수 있습니다.

3) 조류 에너지

한편 제멋대로 부는 바람보다 좀 더 안정적으로 움직이는 것이 밀물, 썰물 즉 조류입니다. 강물은 하루 온종일 1년 365일을 쉬지 않고 한 방향으로 흐르며, 바다의 밀물과 썰물도 쉬지 않고 규칙적으로 움직이는데 이를 이용해 에너지를 얻을 수 있습니다. 물의 속도는 바람의 속도보다 느리지만, 대신 밀도가 높기 때문에 훨씬 더 힘이 셉니다. 같은 양의 전력을 생산할 때 풍력 발전기보다 더 작은 지름의 터빈으로도 가능하며 24시간 쉬지 않고 전력을 생산합니다. 영국 세번강 하구에는 세계에서 가장 큰 조류 발전소가 있어서 800메가와트의 전력을 생산하고 있는데, 이는 영국 전체 전력 수요의 6퍼센트에 해당하는 양입니다.

지열 에너지. 화산 지대로 이루어진 아이슬란드에서 지열은 훌륭한 에너지원이다.

4) 지열 에너지

지열이란 땅속의 열을 말합니다. 지구 내부는 무척 온도가 높기 때문에 땅을 계속 파고 들어가면 높은 열을 얻을 수 있습니다. 대략 수백 미터까지 파 들어가면 땅속의 평균 온도는 15도 정도로 일정하게 유지되는데, 여름에는 서늘하고 겨울에는 따듯한 온도입니다.

지열을 이용하기 위해서는 지하 수백 미터까지 깊은 구멍을 뚫고 파이프를 묻은 뒤 열 매체를 순환시켜야 합니다. 물론 이는 깊은 곳까지 땅을 파고 파이프를 매설해야 하는 등 초기 설치 비용이 많이 듭니다. 무엇보다 대도시 지역에서는 지하철, 상하수도관, 전기 설비, 가스 설비 등 이미 많은 시설이 매설되어 있어 설치가 어려운 경우도 많습니다. 하지만 조건이 충족되면 훌륭한 에너지원이 되기도 하는데, 대표적인 예가 아이슬란드입니다.

아이슬란드는 국토의 특성상 활발한 화산 활동으로 인해 지열이 매우 풍부해서 대부분의 난방 에너지를 지열로 해결하고 있습니다. 또한 곳곳에서 뜨거운 물줄기가 솟구치고 있는데, 이 온수를 가정과 건물에 직접 공급하고 있습니다.

5) 바이오 에너지, 연료 전지

때로 식물도 훌륭한 에너지원이 될 수 있습니다. 알코올 도수가 높은 술에 불을 붙이면 에탄올 성분으로 인해 연소하는 것을 볼 수 있습니다. 그런데 에탄올은 탄수화물을 주원료로 만듭니다. 바로 이 점에 착안한 것으로 이미 1970년대부터 브라질에서는 대규모 사탕수수 농장에서 에탄올을 생산하고 있습니다. 즉 석유가 아닌 에탄올을 대체 연료로 사용하는 방식입니다.

한편 수소와 산소가 화학반응을 통해 결합하여 전기를 생산하는 연료전지도 있습니다. 수소 공급을 통해 전기를 생산하고 물만 배출되기 때문에 매우 친환경적입니다.

저탄소 에코 마을

태양열, 지열, 풍력, 조류, 바이오 에너지, 연료전지 등 석유와 석탄을 대신할 친환경 대체 에너지는 많습니다. 그렇다면 실제 이런 대체 에너지로 생활하는 마을이 있을까요?

스웨덴 스톡홀름에서 조금 떨어져 있는 함마르비 쇼스타드 마을은 본래 바닷가에 면한 산업 항만 지구였습니다. 1930년대부터 항구 도시로 번창했지만 석유 파동이 있던 1970년대부터 쇠퇴하기 시작했습니다. 이에 1990년대 이 지역을 되살리기 위한 대규모 재개발이 시작되었고, 지금은 저탄소 에코 마을로 거듭났습니다.

함마르비 쇼스타드 마을에서는 바닷물과의 온도차를 이용한 열펌프, 음식물 쓰레기가 부패할 때 발생하는 메탄가스를 이용한 바이오가스 등을 이용해 지역 냉난방을 실시하고 있습니다. 음식물이 부패할 때 무언가 퀴퀴한 냄새가 나는데 바로 이 냄새가 메탄가스로서, 천연가스와 섞어서 사용하면 훌륭한 에너지원이 됩니다. 또한 도심 교통은 지하철과 전차가 담당하고 있고 공유자동차제도를 도입해서 80퍼센트의 주민이 자가용 승용차 대신 도보, 자전거, 대중교통을 이용하고 있습니다. 20세기에 산업 항만 지구였던 곳이 21세기에 친환경 마을로 되살아난 셈입니다.

한편 스웨덴 발트해에 있는 고틀란드섬도 성공적인 사례입니다. 인구 5만 7000명이 살고 있는 이곳의 주요 산업은 시멘트 생산이어서 고틀란드에서 사용하는 전력의 절반이 시멘트 생산에 이용되고 있습니다. 그리고 이 시멘트 공장에서 나오는 폐열을 각 가정에서 난방 에너지로 사용합니다. 앞서 시멘트는 석회석을 고온에서 구워 낸 후 가루로 빻은 것이라 했습니다. 석회석을 굽는 과정에서 고온의 열이 발생하는데, 이를 버리지 않고 잘 이용하여 각 가정에 보내는 방식으로, 일종의 에너지 재활용이라 할 수 있습니다. 바람이 많이 부는 섬의 특성을 이용하여 풍력 발전기도 설치했습니다. 고틀란드에는 160개의 풍력 발전기가 전기를 생산하고 있는데, 이는 섬 전체가 사용하고도 남는 양이어서 남은 전기는 스웨덴의 본토에 송전하고 있습니다. 아울러 해수열을 이용한 열펌프 시스템으로 지역 난방을 하고 있습니다.

함마르비 쇼스타드 마을과 고틀란드섬은 석유, 석탄에서 벗어

나 대체 에너지만으로도 생활할 수 있다는 것을 보여 주는 훌륭한 사례입니다.

40년 전인 1985년, 남극의 오존층에 구멍이 뚫렸다는 소식이 전해지면서 세계는 큰 충격에 휩싸였습니다. 하지만 곧 원인 파악에 들어갔고 세계가 합심해 프레온 가스의 사용을 중단했던 선례가 있습니다. 이제 지구 오존층은 원래 두께로 회복 중에 있습니다. 온실가스도 마찬가지입니다. 지구 마을에 살아가는 모든 사람들이 힘을 합쳐 석유와 석탄의 사용을 줄인다면 대기 중 이산화탄소의 양이 줄어들어 지구 온도를 낮출 수 있습니다.

이미지 출처와 페이지

박정식: 54
서윤영: 68, 71, 88, 93, 104, 124, 128
위키백과: 17, 42, 118
픽사베이: 21, 26, 32, 34, 38, 51, 67, 72, 81, 111, 114, 116, 118, 126, 132, 142, 144, 146